INTERIOR DESIGN
MASTER CLASS

100 LESSONS FROM AMERICA'S FINEST DESIGNERS ON THE ART OF DECORATION

Edited by

CARL DELLATORE

新室內裝潢全書

從理論到結構；從風格到過程；從元素到靈感；搭配專業設計師作品，構成完整的室內設計教育課程。

編輯
卡爾・德拉妥爾

譯者
蔡宜真

Contents

Introduction 簡介

卡爾·德拉妥爾

CARL DELLATORE

一九八七年，偉大的小說家伊迪絲·華頓（Edith Wharton）與她的友人建築師奧登·小戈德曼（Ogden Codman Jr.）共同撰寫了《居家裝潢》（The Decoration of Houses）一書。這本書出版當時正值新世界的發端，各種新運動、新科技以及製造方式，將在不久之後使建築的世界產生劇烈的改變。華頓和戈德曼闡述了結構與外觀、建築與裝潢之間的關係，試圖讓一般讀者也能瞭解舊世界和正在醞釀中的新世界。書中華頓明白地指出：「本書只關心裝潢師的作品。」這本書於是成為了一座跳板，關於室內裝潢的知識傳遞從此躍起。

二十世紀有許多室內設計師將華頓的規則發揚光大，並透過他們各自的美學觀點加以表述，例如艾爾希·德沃夫（Elsie de Wolfe）、羅絲·庫明（Rose Cumming）、愛蓮諾·布朗（Eleanor Brown）、法蘭西斯·艾金斯（Frances Elkins）、桃樂絲·卓裴（Dorothy Draper）、希絲特·派瑞許（Sister Parish）、亞伯特·哈得利（Albert Hadley）、喬伊·德烏索（Joe D'Urso）、安傑羅·唐希雅（Angelo Donghia）、瓦德·班奈特（Ward Bennett）、麥可·泰勒（Michael Taylor）、比利·鮑德溫（Billy Baldwin）、馬克·漢普頓（Mark Hampton）等人。其中有些設計師的書成為該領域中的經典，並闡明了他們個人對於室內設計的見解，例如《比利·鮑德溫做裝潢》（Billy Baldwin Decorates）、《馬克·漢普頓的裝潢》（Mark Hampton on Decorating）、艾爾希·德沃夫的《品味之家》（The House in Good Taste）、等。

在一九八〇年代末期，設計個人空間的潮流，雖還稱不上是全球流行，但無疑已是全國風尚；各種專書也應運而生。但很少有人如同華頓和戈德曼一般，完整搜羅業界最傑出人士的當代室內設計作品，並解釋其作品為何傑出。

我並不想把這本書和《居家裝潢》相比，我對《新室內裝潢全書》，就是將本書作為現代之聲，以酬答華頓和戈德曼的成就。《居家裝潢》一書以各個房間和各種元素為主軸，組織室內裝潢的題材，我也將這種做法應用在當代的作品中。本書由一百位傑出美國設計師開講，提供完整的室內設計元素指南，包括樓層平面、門廊、家具、色彩等等，同時也觸及了相關的人文領域，如考古學、心理學以及文學等。

在網路世界不斷擴張的今天，居家裝潢也更趨民主化，越來越多人想要裝點自己的家。本書提供了一扇窗，讓讀者一窺頂尖居家裝潢設計師的世界，並探究室內設計這個最古老又最為人所需的藝術，其知性與哲學的根源。但願本書能啟發廣大的讀者，從外行人、設計領域的學生，到這一行的專業人士在內。

我們每個人都居住在某種居所中，我們對於居住環境所付出的關心越多，我們周遭的人為環境也將更趨美麗。

這間起居室位於洛杉磯，天花板挑高十八呎（約五點五公尺），是由知名設計師瑪德琳蓮·史都華（Madeline Stuart）設計。這個案子的挑戰是如何將挑高量體調整到適合人的尺度，設計師以長鏈低掛直徑六呎（約一點八公尺）的巨大吊燈，成功地降低了空間量體的重心。

THEORY

理論

Restraint 設限

史蒂芬·佛沛
STEVEN VOLPE

對我來說，設限是個理想。在我看來，設限就是不斷地努力觸及創意最核心的部分，以求企及最原創的設計策略。不論工作的項目是什麼，我企求的都一樣，就是將客戶存在這世界上的方式完全展現出來，並且將資源做有效的安排利用，將客戶的生活方式以及他們最熱切的願望，呈現在室內設計中。

設限，就我而言，是中心思想。我臣服在這樣的義務下，致力於創造生活框架，這樣的框架除了提供功能性之外，還要在客戶自己及他人眼中，代表客戶本身。這樣的工作方式在我小時候就奠定了，當時的我掙扎著想要讓逐漸浮現的自我意識被聽見。後來我發現自己可以用物件來替自己說話，透過揀選和安排這些物件來達成這一目的。於是物件成了我的詞彙，我就這樣變成了設計師。

在現代，我們對設計的看法，也揭示出另一種思考方式。設計師創建自己的語言、自己的感性和偏好，而客戶則是選擇這樣的他們。而我比較在意的是過程及對話，就像是一場美好的晚宴，一開始時不確定會走向何方，直到它找到自己的方向為止。我喜歡去瞭解我的客戶，和他們一起探索要怎樣做才能讓他們的家活起來。

有一件事我確實有堅持，那就是原創的價值，以及解析資源以達到最大限度的原創性。我們避免落入俗套與類型，也不會偏愛較少人知的、特異的或是極端的。我們選擇物件、材料、照明等等的方式，不只當它們是個別的存在，還有很大的程度是取決於這些東西的集合。物件就像人一樣，當他們遇見彼此的時候會積累不同的意義，這個過程就發生在當下。當然對生活和室內設計來說，我們最

終會確立某種固定的物件擺設方式，但物件彼此間的動態張力還是存在，只是無法用言語表達；因為我們並不是抱持著某種確切的含義，而選擇、安排這些元素。我們盡可能地細緻安排主要的和次要的物件，如同交響樂團中的樂器，因為我們很確定，這些物件的總和（如果你願意也可以稱之為它們的和絃），將會比個別的特色加起來還要更好。

對品質的瞭解，對於設計的過程是不可或缺的，同樣重要的還有對於價值的敏銳感覺。價值的衡量和價格無關，不論是單一物件或是物件的集合皆然。我們的工作對抗習慣及規範，這些習慣和規範會使人做出常見而保險的結果。所以我們不斷地觀察、研究、搜尋，也鼓勵那些選擇和我們一起工作的人，一同踏入未知的旅程。刻意避開明顯的答案總是會莫名地生出優雅來，只要前提是加以設限。一張霸道的沙發必須用謙遜的材質，讓它們彼此間產生關聯並深入交談，並準備好接納周邊的其他物件。個別的元素絕對不該大聲嚷嚷、招人注目，而是應該緩緩地讓人瞭解它的意義，且往往是經過很長一段時間，這樣才能讓我們的客戶持續熱情地投入。

對設限這個主題，我最佳的表達也許就是這個比喻：室內設計就好像是做一鍋燉菜。你不會把所有你喜歡的材料都一股腦兒丟進鍋裡，期望做出最好的味道；而是會選擇適合的材料，東加一點、西添一些，讓最終的味道釋出。選擇材料、決定其分量，然後小心翼翼地調配顏色及口感等等，這些過程對於燉一鍋好菜是必要的，對於設計一個好的空間也是如此。設計就是關於怎麼生活，如此而已。不需要添油加醋。

前頁：這間內斂的會客室牆上，掛著購自Axel Vervoordt藝廊的畢卡索作品《半身人像》（Personnage en Buste），和瑪麗亞·裴蓋（Maria Pergay）的一對銅壁燈之一。兩張新古典風格的銅質扶手椅，飾有公羊頭雕、絞索圖紋和卷草圖樣，陪伴著訂製的絨布沙發，沙發上放著古董抱枕。

簡約的餐室中，習拉札·豪許瑞（Shirazeh Houshiary）的作品《反映》掛在壁爐上方，精心重鋪過椅墊的1870年蘇格蘭椅是空間的主角。磚紅色絲絨長沙發上，掛著朱利安·歐派（Julian Opie）的作品《木畫22.2008》。兩張熔岩小几是克里斯汀·李艾格（Christian Liaigre）的作品。

Authenticity 真實

史蒂芬·甘巴瑞爾
STEVEN GAMBREL

就室內設計而言，定義「真實」最好的方式，就是藉由範例，以及體驗滿載著生活、精心安排過的空間。

我廣泛地旅行，在旅途中尋找呈現真實生活風格的範例。我拜訪過壯麗的愛爾蘭喬治時期莊園、比利時的城堡、義大利的別墅和皇宮。我造訪過的私人住宅通常滿溢著生活感，這一點從房間中各種變動的痕跡可以看得出來；這些痕跡使房間充滿意義且複雜。我把這些構造看成是居住者的延伸，也是向空間使用者以及來訪者傳遞情感經驗的媒介。這些屋子的建築本身經歷過相當大的改動，從哥德式樣改為喬治時期式樣，但是房子真正的「風格」，是來自於牆內生活的人。

在牆內我遇過的那些人，非常風趣、親切、異常地居家，身上穿著做工精良但不很新的衣著，因為常年勤於在花園還有石砌大廳中走動，而看不出上了年紀。通常石板地上都會有狗躺著，還有裝在籃子裡成堆的靴子。燻黑的大型煙囪角落裡堆著柴火，一旁有精美的掛毯和打亮的木頭桌子相陪。粗糙與精緻的元素毫無違和地互相搭配，如同鍊金術一樣。我用眼睛紀錄午餐是如何呈現，以及日常瑣事中的簡單材料和隨意作風。世代居住其中的人們，體現了對於真實的追求，使我更能瞭解創意過程的延續性，如同不斷演進、對個人環境做出的闡釋。

雖然我對這些地方的古老細節拍了數不清的照片，但是影響我的設計概念最深的，還是我對生活環境的觀察，也加深了我在設計當中對於真實性的瞭解。空間的居住者有他們個人的品味，這是毫無疑問的，但他們也受

這間大客廳位於下曼哈頓的一間閣樓內，牆上貼著墨西哥樹皮紙，訂製的鋼櫃是仿製原來在這棟建築物內發現的保險櫃，這棟建築原本是座工廠。旁邊的畫作來自馬克·法蘭西斯（Mark Francis）。空間中使用強烈對比的材質，是為了向原本這棟建築的工業功能致敬。

到之前許多個世代的收藏家、裝潢師和建築師的影響。參加一場當地建築的導覽，讓我看見建築樣式的多樣化以及不同時期的裝潢，使我增長了不少見聞，瞭解哪部分的裝潢堪稱經典，哪部分的裝潢則超出了常規，可以說是離經叛道。發現這些不尋常的例子時，才真的讓我倍受啟發，回來可以向客戶提供一些獨特的建議。在一個灰色僻靜的愛爾蘭城堡中的幾間公共廳堂裡，大膽的用色和裝潢是如此充滿精神、不同凡俗，以至於我想知道那背後的故事。原來，已故設計師奧利佛‧梅索（Oliver Messel）是城堡主人的遠親，1930年代曾在此住過一個夏天，把一些原本仿效某時代風格的房間加以改善，直到這些房間反映出這位住客不凡的個性、時代的活躍性，同時還保有歷史感並與房屋材料相應。

當我想要將某個地區或時代風格的精華完全具象化的時候，我會去尋找由外國人建造或是改造過的房子或花園，這些外國人接納當地、視為自己的一部份，在建造或是改良的過程中，會過濾篩選出他們眼中最棒的當地語彙。外國人出自廿一世紀的解讀，揭露的不只是其人本身的世代與價值，也同樣可以看出在他所接納的異鄉中的世代和地區的價值。想要貢獻一己之力，成就社會上有形之物，這樣的願景似乎是人類共通的渴望。

在一次難忘的義大利旅行中，有幾位學者建議我造訪奧爾恰谷中的拉福斯（La Foce in the Val d'Orcia），方能徹底瞭解典型的文藝復興式樣花園的精髓。諷刺的是，這座花園完全是由一位英國建築師賽西爾‧賓森特（Cecil Pinsent）打造，他服務的業主則是一位美國女繼承人，兩人（約在一九二七年）共同探究了在他們的觀點中，何為真正經得起時間考驗的景觀。

另一次在愛爾蘭的旅途中，我第一眼看到羅斯伯勒之家（Russborough House，一座巨大的十八世紀愛爾蘭帕拉底歐式樣莊園）

時，站在它壯觀的偉廈之前說不出話來。柔和、安靜、謙卑、舉重若輕，勾起我在維吉尼亞大學念建築系時的回憶，彷彿回到那個在義大利威尼托素描、為帕拉底歐別墅測繪的夏天。帕拉底歐的比例影響了好幾個世紀、不同地區、各個領域的設計師們，我的大學也包含在內。這些設計師們形成一條跨越時空的連線，他們的作品結構看似相似，卻各有其當地、當時的個性。

在羅斯伯勒之家我探索了每一個房間，尋找某個外形或顏色之下的真實性，讓我可以帶回家。我走進一間特別出色的房間，我因為其中的用色之大膽而倒抽一口氣，它已有幾世紀之久，卻比現代還現代。我不需要去瞭解它的出處或是參考源，我只想吸收這個顏色，好讓我在某位毫無疑心的客戶之前把它拿出來，八成會是用漆的，而且是在第五大道上或是公園大道上的住宅裡。

幾周之後，在紐約的一張工作長桌上，我把我的旅行速寫本中的各種樣本：上蠟有木紋的橡木、生石膏、發亮的烏木片，排列在層疊的比利時皺麻布塊，以及黃綠色及鮭魚紅的精紡絲絨旁。最後我決定採用一個看似乖張卻奇怪地順眼、看不出時代卻不知怎地和現代有關的主軸。

最近，有個朋友說我的作品當中最核心的張力，就是「演化論與創造論」的扞格。有的房子和環境是經過數個世紀的演化，適應不同的條件和新世代；也有的房子只花了兩年的時間設計建造，卻仍然是演化的結果、經過充分的發展，並且完全的切乎宏旨。

這兩種都是真實的。

紐約薩格港的一間房子，十八世紀時屬於一位海船長。現在的所有者是甘布瑞爾。這間房間是整棟建物中最古老的部分。在這裡發現的古老的木壁板，被漆成皇室紫並安裝在牆上。這種材料常被早期移民者用來裝潢房屋，經過再利用使廢棄物得到重生。牆上的畫作來自比利時的藝術家凡林特（Van Lint），年代為一九五四年。

Negative Space 負空間

凱蒂·艾斯崔吉

KATIE EASTRIDGE

在視覺藝術中，負空間指的是在形體之間的空白或是空間。我在研究達達畫派的藝術家讓·阿普的木浮雕時，發現到如何看待負空間，以及如何從「無」去想像、構成新的、生動的形體。在室內設計中，負空間就存在於房內的家具裝修之間。負空間經過完善考慮的房間是積極的、包容的；人的目光會被黏住，並在其中找到關聯和對比。當負空間被巧妙地安排時，房間內各個單元的總和就變得不可忽視。

負空間讓空間表面與精心安排的物件、家具以及物品之間產生關聯。當空間及其內容向人招手時，就會有種聽不見嗡嗡聲、一種生活的氣氛，還會有種讓人想走進去的渴望，人們會期望在當中被庇護、被啟發、感到舒適。

我第一次學到負空間，是在一堂人體素描課上，當時我還是個非常年輕的藝術家。我坐在畫板前，仔細觀察軀體和四肢之間的負空間，學會把眼前三維的人體，轉化成二維的鉛筆畫。負空間提示我如何將人體的各個部分組合起來。這種解開問題所得到的滿足感，讓當時還是孩子的我著迷，並從此成為終生的興趣。

不久之後，讀研究所時，我又發現另一位大師亨利·霍姆斯·史密斯（Henry Holmes Smith），他是一位哲學家兼攝影師，他教我另一種必要的負空間。從他身上我學會了在暗房的靜謐黑暗中，耐心、時機、以及靜默的價值。在生活裡，在一切的活動當中留下寂靜的空間，是絕對必要的。

我的創意魂也有賴於睡眠所提供的負空間。白天，我用會讓脖子斷掉的速度移動，去解決、安排忙碌的室內設計師工作室中所遭遇的種種問題及困難。一天快要結束時，我的努力讓每個設計案都達到可能的最佳程度。有些決定感覺不錯，有些則不是那麼確定，但我從來不擔心。在我睡覺時，心眼裡會有台攝影機，在每個進行中的房間內漫遊。攝影機四處轉動，四處觀看各種關係，它還會上上下下呈現不同的優勢視角。透過這種視覺化，我可以看到室內的全貌，比任何圖面都還要清楚。我可以看見成功之處，但大多數的時候我看的是不行的地方，然後隔天早上我就據此進行改善。我的創造力就根植於這種深層睡眠時的心靈淨空中。

在忙碌的生活中留下負空間，與在設計中駕馭視覺上的、充滿能量的負空間，兩者一樣重要。要是不時就有電話鈴響，或是各種工作上生活上的要求頻頻來打擾，不論你正在創造什麼，肯定無法出色地完成。每天要有一些時間是用來不受干擾地專心工作，這是一種必要且負責的紀律。培養並保護你生活中的負空間，是靈感和創造力所必需的。不論是對你自己，或是對你的工作來說，都有益處。

到新的地方走一走。去某個你不曾去過的博物館、去參觀世界遺產（我個人的目標是造訪所有的世界遺產），讓自己因地球上的自然以及人工的奇觀而讚嘆。每週讀一首新的詩，然後再讀一遍讓它迴響。看看天空。欣賞日出。這些或大或小的經驗會添加到你這個人本身，並影響你和他人之間的關係、你和你的居所之間的關係。仔細照顧你的負空間。

一幅美國藝術家洛克威爾·肯特（Rockwell Kent）的油畫·掛在房內壁爐的上方·房內的裝潢採用細緻的色調·質感豐富；前景中的座椅就使用了粗格紋、灰褐條紋、毛海等各種材質。後方牆上掛的是美國當代畫家喬安·辛德爾（Joan Snyder）的作品。

Awareness 感知

芭芭拉·貝瑞

BARBARA BARRY

我在聽,但同時我也在和自己進行一場無聲、平行的對話,分析著、比較著、羅列著每樣在你身邊、和你有關的東西。這一切我都吸納了;而當你說話時,我也被吸納了。

也許是你頭部的形狀被窗戶框住的樣子,又或者是你頭髮的波動是如何反映出上衣領口的皺摺,也有可能是你面前那完美圓形的杯碟上、圓形的咖啡杯,是如何擺放在方形的餐墊上。

這所有的構成都在爭奪我的注意力,它們的說服力並不少於說出口的話語。

我似乎無法逃避這些構成,它們對我很重要,一向如此。當我走進一間房間時,會把歪掉的畫扶正、把書擺正與桌子對齊。我這一輩子都在無意識地這樣做,甚至當我無法修正腦中的畫面時,就很難集中注意力。

這種怪癖讓我引以為榮嗎?

沒錯。因為隨著時間過去,我發現這就是我,也發現正是它引我走上設計之路。我覺得很神奇(也很幸運),我可以用讓我覺得快崩潰的事,當成自己的工作,或者說,變成對你有用的事。所以說,當你無法逃離時,就學著擁抱它,並一路上培育它。

我無法逃避觀察「日常的美」,會去注意在我的原色白瓷杯中,當咖啡加入牛奶時,顏色是如何變化……每次總有些微妙的不同,總是會讓我著迷。在戶外我會抬頭看毛絨絨的白色飛機尾雲構成的弧線,在清澈的藍天中變成一幅極簡的現代畫作。

對我來說,生活是一連串美的構成,不論是大是小,都是形體、顏色和光線的平衡。

留意清晨天空的顏色,並與中午的天空相比較,還有傍晚越來越深的天色,這就是與

在這間奢華的起居室裡,柔軟的青綠色構成一曲交響樂,頌讚北加州涼爽的光線。在修復這間堪稱地標的居所時,每樣東西,包括石膏雕飾、黑與鎳的比利時壁爐、家具家飾等,全都是訂製的,以創造出同色調的畫面以及協調感。

下頁:南加州午後的金色陽光讓這間餐室洋溢著暖調。訂製的櫥櫃、鏡子、燈在房內的四面牆上重複,木紋餐桌和老件羅賓森-吉賓斯餐椅〔T. H. Robsjohn-Gibbings〕穩穩地座落在中央。一張丹尼爾·莫寧〔Danielle Mourning〕的攝影作品掛在牆上,成為一扇開向後花園的窗。

細微處、與變化、與氣氛的交談。在我工作時使用顏色來創造一個房間的氣氛時,這些對於細微差別的感知,助益良多。

對我來說,這就是設計之所在——就在事物的大與小之間、在光滑與質感之間、在幾何或有機之間。

觀察樹葉的形狀對於樹的整體形體有何作用,以及那棵樹在山坡上的形狀,讓我學會了比例與尺度。它讓我學會,每一小塊都是整體的一部分,沒有任何東西是孤立的。這一點幫助我瞭解當創造一個房間時,每個元素之間的交互作用。沙發上的抱枕會是什麼形狀、沙發旁的燈罩又是何種形狀,以及這所有東西以及沙發本身的形狀是如何座落在房間當中;他們是如何相互合作,創造出更大的組合,構成房間整體的樣貌。

每天觀察周遭讓我學會了辨別,並成為一個更好的設計師(希望如此)。對我來說,好的設計是融為一體的……將多餘的拿掉。試著回想山坡的形狀與立在坡上那棵樹的形狀,那是個永恆的組合,讓人永不厭倦。又像是那種簡單的黑色洋裝,總是可以穿上一年又一年。

或是紐約市的洛克斐勒中心,不論是當時或是現在,都可說是時代的縮影。

它們都有精準的比例,以及平衡的組成。

仔細觀察持久的物事,不論是自然的或人為的,都會提升我的感知,成為我做設計時不可或缺的過程的一部分。

所以,當下次你發現自己在某人說話時無法專心,因為天空正在轉為熟透桃子的顏色,別擔心。有人說了什麼你卻想不起來,因為當時你正忙著把鹽罐和胡椒罐排整齊,也不用驚慌。你是在工作。你是在紀錄。你就是這樣的人。

對自己的瞭解,是你這輩子的特權。

History 歷史

亞瑟·杜南
ARTHUR DUNNAM

我認為歷史在設計中扮演的角色，包含了三個面向：一是設計本身以及在歷史上設計是如何展現，二是設計的歷史，重點在於實際上的施做是如何發展，以及那些值得關注、自認為是設計師的個體；三是我們個人的歷史，因為我們會如何處理我們所觸及的設計元素，都是透過個人歷史來篩選和架構。

我們對古老文明的認識，是從他們遺留在身後的有形證據而來。人類的遺跡可以透過先進科技對我們說故事，除此之外，要知道這些古文明的生活樣貌，最讓人驚訝、傳遞最多訊息的線索，就是美的物件了。單單一塊陶瓷碎片，其線條、顏色、形態，都在告訴我們這個器物的主人除了滿足生活基本需求之外，還有時間將裝潢細節融入日常生活的物件中。這些裝潢超越了純粹的實用主義，而展現出設計行為。從每個古老文明中，我們一次又一次地發現這種對於裝潢的執著。不只出現在地位崇隆者的墓室中，也不只在偉大的古老城市廢墟中，同時也存在於是市井小民的日常器物中。

威尼斯是現今保存最豐富的例子之一，可以看出長久以來人類對於設計的著迷。當世界的大部分還處於相當原始的條件下時，威尼斯綻放的文明卻投入了巨大的財富、人力及時間，只為了擴展美的境界。其結果是把整個十五世紀（甚至有些屬於更早期）的架構濃縮，如此的豐盛，超過當時世上任何一處，直到如今看來依然會讓人感到一陣顫慄。

不論是無數書籍及博物館中羅列的古代歷史殘餘，抑或近代歷史中依然活生生的珍寶，都充分證明了人類天生迷戀設計，強烈地渴望將美帶入他們的生活中。

在設計史中留下一頁的人物，有關他們的書已經有很多，在這裡我無意贅述。以下提到的這些響噹噹的人物（在他們之前當然有很多傑出者，但比較不知名），他們的名字和室內設計的地位提升息息相關，可以被視為建築／室內設計師。十六世紀時，安卓·帕拉底歐（Andrea Palladio）的經典結構是受到古羅馬的啟發，讓內部空間成為建築外觀的來源。溼壁畫以及建築物外皮的同步進展，更增加了這一發展的豐富程度。這種關注居住空間（相對於教堂和皇宮）的室內空間，是新的發展方向，以後見之明來看，這個新方向預示了居住空間室內設計的進程。威廉·肯特（William Kent）和羅伯特·亞當（Robert Adam）豐富的作品則是將建築與室內設計無縫地結合，創造出細節豐富的環境，並由當代的藝術家和工匠加以裝潢。這類的空間是用來讓訪客印象深刻，並彰顯出主人的財富、權勢以及優越。

十九世紀時商人階級興起，負擔得起將住宅加以裝潢的社會群體，其數量戲劇化地增長。更甚者，當代的浪漫主義強調情緒和氣氛，家變成了一個安全的窩，人們在其中與家人朋友共度私人的時間。有史以來第一次，追求真正的舒適與讓來訪者印象深刻，變成同樣地重要。

當設計進入廿世紀，英格蘭的不列顛裝潢師學會，會員人數暴增至超過兩百人；同時在美國，伊迪絲·華頓和奧登·戈德曼共同撰寫了《居家裝潢》一書，是美學上的真正轉捩點。這本書倡導大家擺脫「維多利亞時期的雜

在這間位於紐約長島的起居室內，牆板上鑲嵌的草紋布、訂製地毯、一九七〇年代的銅質天花板吊燈、訂製的石英岩桌面鑄鐵咖啡桌，和諧地構成一股溫馨舒適的氛圍。畫作是桑提·莫伊克斯（Santi Moix）的作品。

下頁：這間餐室位於一棟一九二〇年代康乃狄克州的住宅內，地上那張十九世紀末印度阿姆利則地區的地毯，色澤映在壁板上，壁板是路易十六時代的原件。一九四〇年代的威尼斯吊燈、大衛·霍克尼（David Hockney）的油畫以及亞歷山大·考爾德（Alexander Calder）的雕塑，共同成就了這一景。

亂」，為當時逐漸浮現的更簡潔、經過編排的風格鋪路。到了一九二〇及三〇年代，室內設計、室內建築以及家具設計的領域中出現許多偉大的傑作。當時這些有願景的人研究前人的作品，並加以昇華為一種新的美學調性，呈現出當代的真實。

如今的室內設計就如同時尚界一樣，表現出一種「沒什麼不可以」的態度。相較於過去，我們更能不被影響地鋪設自己的美學之道，應用科技發展帶來的創新材料，同時也收納過去歷史中如今依然動人的元素。學習、欣賞並理解這些歷史，可以強化我們的能力，將當代的設計置於恰當的脈絡及視野中。

最後，我想談談我們個人的歷史，以及它是如何影響我們對設計的看法及反應。我們每個人不止是基因所造成的結果，也是個人歷史與經驗的產物。例如，如果我們成長的環境非常不足，就有可能渴望得到不曾獲得的富裕，又或者把所有富裕的事物都視為浮誇、愛現。

就我觀察到的，完全與生俱來的品味相當罕見；品味多半都是從「心眼」體會生活演進而來的。雖說定義一個人的個性還有其他更重要的面向，但不要小看了個人美學眼光的影響，那對於我們的行為表現、我們所追求的，或是在不知不覺中避免掉的事物，可能更有決定性。

努力存在當下的同時，我們很容易忽略了歷史。但我想說的是，我們今日所擁有的，不論是好是壞，都是從歷史而來。對那些覺得自己對美學免疫的人來說，我要說，設計，以這樣或那樣的形式，與人類的核心條件相呼應，從人類有文明以來就存在了。

Intuition 直覺

亞曼達·尼斯貝特
AMANDA NISBET

我承認，我從來就不善於清楚地闡述我的設計過程，而且對這一點我有很好的理由。雖然很多美學讓我激賞的裝潢師仰賴平衡、對稱、並追求種種的法則，但我從來就不是這樣。我反而比較仰賴直覺。

我可以把我直覺式的做法歸因於兩點。第一是我在義大利學習藝術史的經驗——不是義大利設計，我稱之為義大利思維。住在這個姿態可觀的國家裡，事實證明是非常自由解放的。你會看到某個不是一般會認為有魅力的女人，身穿紫色燈芯絨翻領外套，脖子上纏著一條橘色的絲巾，騎著青綠色的偉士牌機車揚長而去，令人驚豔不已。那種相信自己的品味、光憑感覺的信念，讓我留下非常深的印象。

其二是我在成為設計師之前，曾經是演員。我發現，當手上有劇本時，比較容易化身成別人。當你在臨場發揮時，雖是取用了一個角色的個性，但是這個人是誰、她怎麼想、她怎麼回應，這些都必須完全從自己的想像中生出，就在一瞬間。從設計的角度來看，這種技巧教我如何直覺地對空間加以反應（當我走進一間房間，一瞬間就會有種這個房間該是什麼樣子的感覺），接著我吸收客戶的需求，再將自己的想像建立在那個直覺上，創作出設計。

不過我要補充一點：相信自己的直覺和讓直覺起飛，是兩回事。有些人確實比別人有更強的直覺，但是直覺還是可以被訓練、加強的，就像肌肉一樣。關鍵在於將你的直覺反應機制和記憶連接起來，尤其是有感情的記憶。我所遵循的感覺，是出自一個永生難忘的畫面，像是騎著偉士牌的義大利女人那一幕。無數的這種經驗滋養、豐富了我的設計感，也構成了我工作方法的核心。任何人，不論他或她秉持何種哲學，都可以從這種直覺肌肉的強化中獲益。

我設計過一間位於曼哈頓上東區的街屋，屋內的起居室就是這樣的例子。這個空間的特色是有一扇面向陽光燦爛後花園的長窗，我第一眼看到這房間時，心裡就知道我要用明亮的黃色窗簾，把那陽光帶入房裡。房間裡的其他裝潢則維持比較低調。到了接近完成的階段，我發現一對金屬棕櫚葉形狀的組吊燈，造型幾乎有點笨拙，但我直覺地知道它會完美地為這房間添加最後一筆。比起更恰當、更能預測的圓燈或枝形吊燈，這個組燈跳脫的個性讓這個房間更加出色，像是魔棒一揮，讓房間活了起來。

另一間曼哈頓的公寓，它的主人是很出色的一對，喜歡娛樂。我認為這間屋子裡的起居室應該是浪漫的、讓客人流連的；再加上屋主喜歡水，我的直覺就是創造出一間「午夜游泳」的房間，是卡布里藍洞的上東區版。牆上用的是藍銀色的塗裝，地毯會隨著動作閃耀微光，十四呎（約四點三公尺）長的釘鈕絨布沙發讓這個幾乎不真實的場景安定下來，有種液體般的效果，又有俱樂部般的優雅。這個平衡直覺的衝動事後證明是恰恰好。

相信你的直覺，就可以創造設計魔法。偉大的保羅·席爾斯（Paul Sills），教導舞台上的即興表演，也是傳奇的第二城劇團的創辦人，他的說法就很完美：「根本沒有技巧，你只需要對無形的多點尊重。」

這間位於曼哈頓的餐室，採取相當大膽的姿態，擁抱粉紅色調的配色，並以洋紅色的壁紙覆蓋四周。訂製的黑色地毯上微妙的銀色花紋，以及黑色的桌面，更增加了戲劇感。

Evolution 演化

大衛・伊斯頓

DAVID EASTON

當社會、政治動盪不安時,之後似乎總會伴隨著設計的簡化,而且變化往往是劇烈的。只要看看法國大革命之後,洛可可讓位給嚴峻、撙節的新古典主義,或是第一次世界大戰之後催生了包浩斯,就可以知道。

現今的室內設計正是這樣的例子。

回顧我的職業生涯,我看過好幾次設計中時代精神的轉變。從帕森斯設計學校畢業後,我獲得一筆旅行獎學金,其中一位評審是現代主義家具設計師愛德華・沃姆利(Edward Wormley),他對我說:「當你回來時,打個電話給我。」我照做了,之後就跟著他好幾年。我能和他一起工作非常幸運,他的工作在某種意義上,給我一種對未來的預告。之後我替派瑞許與哈得利(Parish - Hadley)工作,狀況又不同了。都是窗簾、窗簾、窗簾!希絲特・派瑞許的作品裝飾性很強,亞伯特・哈得利的風格則比較建築。之後我開始在紐約自己開業,四周有種豐裕的氛圍:桌子、燈、燈罩、飾邊,還有很多個座位區。如今的風格則是更為洗鍊,人們不想再搞得大驚小怪的。

我的職業生涯中,大部份設計都是為富裕的人們而存在,這些人樂意也有時間裝潢居所。如今,越來越多的客戶想要每樣東西都用老件,我相信這是一種對這個資訊社會演化速度的反應。我在安定的環境中成長,這種安定似乎是廿世紀的代表。在伊利諾州橡樹園我祖母的屋子裡,有個寬大的餐桌,我們就在那兒吃飯,一起享受生活。我祖父母會坐在門廊上,開開心心地玩牌。那真是一種美好的生活方式,但在今日卻好像失落了。

每個人都在流動,往往住在不止一個地方。住家與辦公室的定義正在快速變化;公共空間,像是咖啡館、旅館、餐廳吸納了從前起居室、餐室、甚至是會議室的功能。早上八點、晚上八點,甚至是週末,在餐廳裡看到男男女女圍著桌子談公事,也不是太奇怪的事。隨著家與工作之間的界線變得模糊,隨之變化的還有著裝要求:十年前的規範是週五穿休閒服,讓人暫時擺脫西裝領帶,如今穿休閒服變成日常的規範。

關於設計的未來,唯一可以確定的是,在未來的幾十年內,室內設計會再度改變,隨著社會不斷演進,室內設計會如何變化是我們無法料想的。

我相信,為了裝潢而裝潢的時代已經過去了,家的設計必須在功能上更為直接。前提是,我們還住在「家」裡。我不是有意要危言聳聽,但誰又知道將來的生活是什麼樣?我們還會花時間採買和做菜嗎?我們又會如何餵飽、教育下一代?這些問題(還有更多諸如此類的)有待回答,但可以肯定的是,演化會影響「家」,相應的,也會影響「家」設計的方式。

就我個人來說,我還真希望《物種原始》的作者達爾文可以預言我們現在經歷的這些改變。當達爾文在一八三一年乘著小獵犬號出發,進行那趟留名青史歷時五年的全球航行時,他抓住一個成為英雄的機會,目的是讓世界的視野更廣。他的航程首要目標,就是瞭解世界是什麼。他觀察的結果是,世界是隨著適者生存而演化。

伊斯頓的自宅。這個角落長椅的設計是路易十六風格,和一張磚紅色的橢圓形上漆桌子擺在一起。壁爐架是仿造伊斯頓在托斯卡尼一處別墅內所見到的樣子。四幅畫作是十九世紀的彩色版畫,描繪拿坡里及義大利的鄉村風光。

設計師為客戶創造環境，這些客戶也從事了自己的航行，並且找到了一個房子，在這個環境中，他們可以愛家人、享受花園，並且在這個不斷發生不可知變化的世界，在漫長的奧德賽式的一生中，找到平靜與美。今時今日，這樣的房子，這樣的家，很有可能比較小、裝潢比較簡單，並且變得更加輕鬆、加入多元文化的各種元素。身為一個長壽的室內設計師，我相信一個人必須意識到當下以及未來的社會脈絡，而這樣的社會脈絡好似正以光速在演化。

這屋子是理查．麥爾（Richard Meier）設計的，空間開闊，俯瞰紐約哈德遜河。室內巧妙地以桃花心木玻璃隔扇，隔出一間道地的餐室，卻又保有通透的壯麗景觀。

Integration 融合

盧塞爾 · 葛羅夫斯
S. RUSSELL GROVES

沃爾特 · 葛羅佩斯（Walter Gropius）在一九一九年發表了《包浩斯宣言》，其中有一句話：「所有視覺藝術的最高目標，就是完整的建築。」我身為一個建築師及室內設計師，可以熱切地證明他說的沒錯。我在羅德島設計學院求學的期間，有幸接觸到許多不同的藝術領域，例如攝影、雕塑、電影製作、時尚等等。我所受的教育橫跨了純藝術與應用藝術，並相當自豪地畢業成為建築師。

建築讓我感到興奮，因為它結合了哲學、數學、科學以及文學，組成一個高度複雜、彼此相關、共構的藝術形式。在學校的時候，我學到一個德文詞彙「gesamtwerk」，可以用來形容我最愛的密斯 · 凡 · 德羅（Mies van der Rohe）、法蘭克 · 羅伊 · 萊特（Frank Lloyd Wright，後文通稱萊特），以及勒 · 科比意（Le Corbusier，後文通稱科比意）的作品；這個字的意思是作品完整地融合了藝術與建築，概念宏偉、深入細節，共同構成一個圓滿的整體。

萊特在設計芝加哥的羅比之家（Robie House）時（不只這個作品，其他案子也一樣），不僅設計了建築結構及佈局，連同家具、燈具、水龍頭、布料、銀器，甚至連女主人的衣著都包含在設計內。他知道一個成功的設計會透出和諧，這種和諧是由刻意涵蓋全範圍的設計而達成。「（內與外）是彼此的一部份。」萊特如此寫道。「如果材料的性質和方法、目的彼此和諧，那麼形體與功用就能在設計上、執行上合而為一。」

偉大的設計從對整個空間的完整概念而來。如果沒有在一開始時就考慮功能，那麼設計就會出錯。例如，一間起居室可能比例完

這間寬敞的起居室旁邊就是露台。從露台上可以將公園大道的景色一覽無遺。高工藝水準的奢侈品、寬敞奢侈的空間，讓此處可以作為正式的娛樂之用，也散發出平靜、開闊的氛圍。

美，但要是家具沒有恰當地安排以促進居住成員之間的親密交流，那麼一切都是枉然。

設計師必須將所有元素視為不可分割的整體，而一個房間如何和下一個相連，也同樣重要。房間就像一齣戲裡的角色，必須共同合作才能讓這齣戲成功。設計過程包含了設計師的美學視野、客戶的目標，以及設計師要處理空間本身的細節或是限制，如此才能完整實現。

我的設計過程是先畫平面圖，同時也挑選、安排家具及其他為了完成這個合奏所需的元素。我會考慮藝術品以其擺放位置。藝術品會有自己的聲音及迴響，和整個設計中的其他元素一樣，甚至有過之而無不及。在我所有的案子中，建築、室內及藝術這三者是密不可分的。建築師、室內設計師、裝潢師這三者共同參與一場跨領域的創新對話。在產出設計解決方案時，沒有哪個領域比哪個領域重要，重要的是這個整體的解決方案本身。

身兼建築師和室內設計師的優勢在於，可以自行協調案子的所有面向，讓完整的願景能被呈現出來。當建築和室內設計是由兩個單位負責時，這兩方常常沒有共識，設計結果就變得模糊或混亂。委託單一個擁有足夠的資格及能力、可以兼顧兩者的設計師，就可以省下許多的會議、磨合，減少掉溝通中可能發生的錯失。

《包浩斯宣言》提供一個終極口號，讓建築師／設計師們可以追隨，建築物及室內的功能和美學元素是在一個宏大的計劃中，而「建築師、畫家、雕塑家必須重新認識並學習掌握：建築既是一整體，也是個別部分所構成的特性。」

將近一個世紀之後，這種統整性依舊是每個設計師的最高夢想──完整塑造建築物的外觀及其內容。

上：戲劇化的開放式浴室，男女主人各自的石質檯面核桃木洗手台，在充足的自然光線下更為醒目。

左頁：這間由穀倉改建的屋子位於康乃狄克州的鄉村，保留了原本的木梁和寬木板地面。家具部分訂製，部分採用老件，包括夏克式（Shaker）家具。這間臥室明亮、通風，讓人放鬆，是屋主（一對忙碌的紐約夫妻及他們的孩子）完美的休憩所。

Confidence 自信

羅伯特 · 史地藍

ROBERT STILIN

幾年前我開始騎腳踏車。四個月之後，我決定參加一場在科羅拉多州進行的五天高強度騎程。結果事後證明，這是我人生中最具挑戰性的經驗之一。

在這場長達五百英里（約八〇五公里）的騎程中，必須登上五千英尺（一五廿四公尺）的高度，途中我不止一次想要放棄；但每一次，也在騎車的我導師，就會教我只把注意力放在下一步，鼓勵我繼續前進。他說：「我們就把前面的這廿二英里（約卅五公里）騎完，然後再看看。」用這種策略，我達到了之前認為是不可能的目標。騎完這一程之後，我滿心喜悅、興奮不已、疲憊不堪，但充滿無比的自信和成就感。一次一踏地完成這趟旅程，我也是這樣走過我的人生和職業生涯的。我在設計一棟面積達一萬兩千平方英尺（一一一四平方公尺）的房子時，也是運用同樣的策略，將一部份、一部份拼在一起，一次一個房間。隨著經驗的擴展，不論是來自各種人際關係、各種設計案，或是生活上的挑戰，都加強了我對自己、以及身為一個設計師的信心。

當你充滿自信地過生活時，你會知道自己想要什麼、喜歡什麼，讓你能不斷進步，不會裹足不前。要有能力做出決定，不論是針對一張椅子、一棟房子、一次投資，自信都是絕對必要的。

我天生就是有決斷力的人。這不代表我總是做出正確的決定，但是我讓自己有犯錯的自由，也因此獲得了寶貴的機會能從錯誤中學習。弔詭的是，這樣的自由也讓錯誤更少發生。失敗沒有什麼好怕的，它教導我們：每個問題總有其解決之道。這個哲學不僅讓我

一張一九七〇年代的卡帕（Kappa）躺椅，面料是洗絨羊毛；它後方是伊可·帕利西（Ico Parisi）設計的櫥櫃。櫥櫃上的藝術品是理查·普林斯（Richard Prince）的作品「無題」。壁爐架上掛的是達米恩·赫斯特（Damien Hirs）二〇〇七年的畫作。

下頁·設計師位於紐約東漢普敦的自宅中的餐室。一九四〇年代查爾斯·杜多伊的（Charles Dudouyt）古董核桃木餐椅，搭配訂製的橡木青銅餐桌。牆上是大尺寸的法蘭克·第耶爾（Frank Thiel）攝影作品。在它右邊是一張老式英國鋼管扶手椅，連皮面都是原本的。

的自信以指數級增加，不只是身為設計師的自信，還有身為父親、身為朋友、身為一個人的自信。

你可以向身邊的人學習，尤其是那些無所畏懼的人。觀察他們是怎麼做的，然後套用在自己身上、自己的脈絡裡。你會發現，那些自我實現的人保持開放、有彈性、資源充足。恐懼及缺乏彈性會導致災難。設計師必須對案子中不可避免的有機演化保持開放，讓每個決定去構成並強化下一個決定。這樣的開放性會提供機會給新的想法、創新的解決之道；要是死守計劃，這些都不可能會出現。不論是設計或是生活都一樣，有數不盡的好的選擇和成功的結果，你的職責就是把它們發掘出來。

身為設計師，自信意味著接受自己並不是全知的，並能夠掌握機會自我探索、成長、在知識中進化。不知道答案也沒關係，但要讓自己常常暴露在新的想法中。去看看、去探索平常不會去的地方；去擁抱新的環境，去碰觸、去感覺、去嗅聞。將自己徹底沉浸、體驗那些設計元素。光腳站在地毯上、用那條毛巾摩擦身體、解開物體的祕密，進入那畫面中。不斷地吸收、吸收、再吸收。

最重要的是，絕對不要保留任何你不喜歡的東西，並且永遠致力於對自己誠實。瞭解自己想要什麼、對什麼感到自在，會產生更多成功的案子。

最終，在設計中的自信，就和在生活中一樣，歸結在一些核心的問題上：那有意義嗎？那會舒服嗎？你會享受嗎？感覺好嗎？還有，最重要的一點：那會讓你開心嗎？

Respect and Transgression 尊重和叛逆

威廉‧喬吉斯

WILLIAM T. GEORGIS

與其討論一個主題，我更想探討兩個相反卻又相關的主題：尊重與離經叛道。尊重某事是認為它有價值、很珍貴，值得愛護，不想加以干擾。叛逆則是超過界限、違反規則。我一直都深受這兩者的啟發，並努力在我的設計中實現它們。

這兩個主題也在設計或建案中扮演角色。一個設計案不論是位於都市、郊區或是鄉下，都會有其物理的脈絡，來自於既存的外部或是內部建築、相鄰的建築物、地形或是周遭的景觀等。在一些案子裡，到我手上的是非比尋常的脈絡，值得加以尊重並恢復。我可以是個很棒的新古典主義或是現代主義的室內設計師。我採用以下兩種策略之一：一是尊重現存的脈絡並運用空間中已有的語彙，就如同我在紐約列夫之家（Lever House）那個有地標意義的案子中，室內設計就和室內建築保持步調一致。

另一種做法則是強化室內建築，但是在家具的選擇上和現有脈絡對立，這才是我一般的做法。在一間令人印象深刻的布雜藝術（Beaux-Arts）風格曼哈頓街屋的案子裡，我修復了原本的室內建築，並選擇了絕對不傳統的家具規劃。摒棄了傳統上多個座位區的安排，代之以單一個圓形的訂製大沙發，四周環繞著許多巴洛克時期和新古典主義的古董，當代藝術則安插在其間。我並非常常有幸能經手原本條件就很特別的案子，但是同樣的原則也可以應用在其他案子上。不論是新建案或是內部重新翻修的案子，我有幸能創造自己的室內脈絡，是我對設計條件以及客戶所做出的反應。

客戶的支持在尊重與叛逆兩者的演出中，也占有一席之地。設計是極度私密的事，有時客戶沒辦法明白地說出他們的夢想與希望、洩露他們最深層的渴望；這時就考驗設計者能否感覺出他們需要的是什麼，並為他們在世上創造這樣一個地方。舉例來說，有個客戶似乎對他人的事情有種出格的、色情的興趣；於是我為他做的閣樓設計就從希臘神廟得到靈感：廟的中央是用來放置神像的祕室，這部分的空間採用黑玻璃，裡面健身房、廚房及浴室，四周則環繞著雙排柱子。我還設置了一個玻璃區域用來當做客房，只用可以移動的窗簾作為保有隱私的方式。這位客戶開心得不得了。為了另外一位看似傳統的客戶，我設計了一間掛著彈痕累累鏡子的浴室，因為原本更具裝飾性的提案被認為「太有品味」了。客戶總是讓我驚訝不已、靈感泉湧。

賀曼‧梅維爾（Herman Melville）曾說過：「有時候，就連最霸道的統治者也必須對叛逆睜一眼閉一眼，才能保護法律在未來不受侵害。」我真是再同意不過了。

這間位於曼哈頓上東區的房間，呈現挑釁的畫面：鏡面迪斯可球讓人想起七〇年代，兩張矮躺椅，面料是大膽的斑馬花紋，還有一幅尺寸巨大的朱利安‧施納貝爾（Julian Schnabel）的畫作，這位藝術家本人就是以叛逆出名的。

Psychology 心理學

貝瑞·戈蘭尼克

BARRY GORALNICK

大學時我原本是念醫學預科，想當個心理醫師，後來才轉入建築系。當時我不知道，原來心理學竟然在設計師的工作中佔據相當大的比重。

每個設計案都會讓設計師接觸到一組新的客戶（也可以稱為病人）。而設計師經過正規的建築與設計訓練，帶著充滿經驗的眼光，滿懷實用知識，知道一般人是怎樣生活，那是從多年來與各式各樣客戶打交道累積而來。在學校裡，他們也學過設計心理學，那是一種科學，關於人怎樣使用空間、怎樣把人從一個空間移動到另一個，以及住在不同的環境中會產生的不同影響。

另一方面，客戶來的時候則滿懷著他們個人的品味、人際關係、家庭歷史、對過去房子的記憶，以及對於自己在社會結構中處於何種地位的認知。對於物體與場所、顏色與質感，他們會有自身情感上的連結和反應。

客戶與設計師之間的關係是很私密的。設計師必須知道客戶如何生活、他們做什麼娛樂、他們怎樣（或是否）烹飪。畢竟，在設計他們的浴室或臥室時，什麼都必須知道，就連要在哪兒放電動牙刷也不例外。

就跟所有的醫病關係一樣，一開始會有個初次咨詢，兩方藉此決定是否要開始一段長時間的共同旅程。有時候在成為我的客戶之前，我和對方就已經有非常私人的談話，例如：「我需要一個迷死人的臥室，也許這樣一來，我的浪漫就會被再度點燃。」（這個客戶我沒接，實在太超出我的能力範圍了。）或是：「我有一對雙胞男孩，一個陽剛一個陰柔。你可以打造一個房間，讓他們倆都滿意嗎？」

（解決之道是一個中性的房間，加上符合兩個人個性的擺設。）、「我們是兩家合併為一家，需要保持各自的認同感，同時創造新的共同認同。」（喜劇《布雷迪一家》做到了，你也可以。仔細安排與審慎思考是必要的。）有些人會用家的設計來昇華其他的問題：「要是我們有個完美的家，一切就會沒問題了。」（停！馬上去找另一種專業人士幫忙吧！）設計師和客戶必須判定對方的期望是否合理。

一個好的設計師能讓客戶敞開心。要創造一個符合他們的需要與渴望、完全客製化的家，客戶就必須與設計師分享一切相關（以及有時看似不相關）的資訊。這可不是有所保留的時候。溝通必須同時是語言的及視覺的。去瞭解客戶不喜歡什麼，就和瞭解他們喜歡什麼一樣重要。客戶越敞開，成果就越強烈。

設計師真正的技術與天份，在於有能力分析客戶的話外之意、未言之言，並將這些資訊加以組合。直接告訴對方他或她的家應該是什麼樣子是不夠的，重要的是解釋「是什麼」（也就是設計方案）以及「如何」（產出設計的過程）。但更重要的是「為什麼」（為什麼這對他們來說是最好的方案）。要是客戶沒得到他們想要的，讓他們覺得自在地說出口也是很重要的。

就像心理分析師一樣，設計師隨著時間累積而贏得信任、扮演權威的角色。有時，從一個權威人物而來的基本建議，會帶來一瞬間的了悟。人們常常會死記重複自己被加諸的負擔，像是：「我討厭藍色。我媽從不讓我穿藍色。」事實上，他們也許非常適合置身在藍色調的房間裡，這時就有賴設計師替他們指

原本作為工業用途的空間，保持著閣樓的個性，但被賦予一個高貴公寓所需的視覺及聽覺隱私。推拉門隔開的圖書室也兼做客房使用。

出這一點，打開他們的心房，找到出人意料的解決方案。在過程中，客戶會發現很多關於自己的事，並創造一個讓自己及家人更開心的世界。

在我的專業經驗中，每次我們都會在一開始被打槍，等到最終設計出爐時，顧客就會非常高興：「我就是想要這樣的生活，原來我自己都不曉得！你是怎麼知道的？」我的答案是：分析而來。

一對住在洛杉磯的夫妻買下了這間位於中央公園西邊的公寓，並加以翻新。新的裝潢、新家具、新的藝術收藏幫助他們找到內心的紐約客，釋放了他們的曼哈頓魂。

44

Personalization 個人化

大衛‧曼恩

DAVID MANN

不要低估個人化的家的力量。我發現那些讓我流連忘返、喜歡瀏覽的家，總是和主人的個性及風度緊緊相連。我們的文化喜歡知道別人過得多好，看他們四周圍繞著藝術、建築及設計，人生有多豐富。

一提到個人化和室內設計，大部份的人都會以為指的是在設計最終階段的擺設而已。很多人把個人化（其實稱不上是）以咖啡桌和櫥櫃的風格來表現。但我指的是整個設計案的個人化，包括照明、五金、門窗、修飾、木工、牆面及裝置，以及裝潢、藝品及擺設。

當我和潛在顧客進行討論時，就已經開始我對住宅設計的基本工作：創造一個真正反映客戶是誰、想怎麼生活的家。這個家不應該是重新套用公式化的設計方案，也不是設計師的行銷工具，而是單單為了業主而存在的。

首先要做的是，就是對現場做完整的調查，以瞭解當地的生活、白天不同時間或是不同天候下光線的樣貌。接著，我會和客戶進行視覺的溝通。我會收集一大本筆記，裡面是啟發靈感的影像，做為一開始的大略想法及做法，並展示出我們要前進的方向。我和客戶一同檢視這些影像，並鼓勵客戶發表正面和負面的評論，以便對客戶的偏好有完整而全面的瞭解。第一次的溝通通常會引來更多的討論及視覺溝通，並越來越聚焦在將設計的感覺，以及對客戶及客戶的設計案正確的事，融合在一起。

雖然室內設計是個共同合作的過程，但是設計師不能光是做客戶想要的；重要的反而是仔細地傾聽、觀察，透過設計師的美學與實務經驗過濾客戶的願望，然後以同理心加以回應。設計師對待設計案的方式，很類似偉大的演員在扮演一個角色：演員必須先充分地研究該角色，直到覺得和該角色合而為一。室內設計師也是如此，深入瞭解客戶之後，就可能在設計抉擇中「套入角色」。這並不是說客戶就被排除了，而是設計師必須與客戶一同檢視每個決定和選擇，並將這些檢視過程視為視覺溝通的延續。這個過程有時流暢，整個案子進展地很順利，兩方都保持一致；有時可能需要一些努力。除此之外，設計師也必須保持心態開放，允許預料之外的狀況發生。

我一開始從事設計的時候，以為這個職業就是在創造美麗的空間。當然這還是我現在的主要目標，但同樣讓我開心（甚至更開心）的，是去瞭解居住在其中的人。當設計師越能將業主是誰轉譯成室內設計的視覺語言時，業主就越會把這個家當作個人認同的象徵。

牆上的漆綴著點點雲母，一盞埃爾維‧凡‧德斯特拉頓的垂吊燈，懸空樓梯上訂製的復古銅銀扶手，加上精心安排的本色、瑪瑙色交錯大理石板地磚，一同組成了這間令人難忘的玄關。

保羅·桑戴（Paul Sunday）的一組作品
《無題》，替這間豪華起居室的搭配設
定了節奏。兩張方形鮫皮扶手椅、兩張
俱樂部椅，壁爐四周圍砌著金葉玻璃
磚。

Archaeology 考古學

蘇珊·圖克爾

SUZANNE TUCKER

當我開始一個新的設計案、要瞭解客戶時,首先有幾百個問題要問,接下來的過程中還有幾千個等著回答,才能為客戶設計出一個獨特又能禁得起時間考驗的家。一開始的探索中包括了生活風格的問題:他們如何生活?他們想要如何生活?他們的日常作息?從這裡開始,問題變得更具體:他們煮飯嗎?睡覺時需要完全漆黑嗎?要考量到寵物嗎?有平台式鋼琴嗎?這無可避免地會演進到更深入的問題:他們的記憶中喚起什麼?家庭中有什麼特別懷念的生活方式嗎?某些顏色會產生聯想嗎?他們的過去是否還迴盪在此刻呢?他們又想將什麼帶進下一個家呢?

我除了扮演起裝潢專家、顧問、或是設計師的角色之外,有時還會擔任偵探、心理學家、婚姻顧問以及聆聽告解等等。而我發現設計師最重要的角色之一,就是考古學家,去深入瞭解客戶是什麼樣的人、挖掘出他們的過去有什麼回音、找出他們讓他們成為現在這樣子的過往。

設計師對自己內在的考據也同樣重要,也無疑地更有價值。去挖掘並理解自己、個人的歷史及文化影響,還有個人的視覺記憶庫。佛洛伊德提出的理論,探討兒童時期的經驗如何在往後的人生中,影響一個人的行為。我認為,同樣的原則也可以套用在我們的視覺以及感覺回憶,是如何影響身為創意人的我們。從空間思考到觸感的偏好、色彩及香味所引起的感覺、喜愛或是厭惡古董、在過去或是現在根深蒂固的自我認同,這些都可以追溯到我們童年時的記憶。

我們在何處成長佔據了很重要的位置。我在加州長大的經驗,深深影響了我的設計感。我一再地發現到,我成長的蒙特西多(Montecito)的環境,是如何不自覺地、深刻地塑造、構成了我對家庭的認識:那些威風八面的建築物、醒目的花園,甚至是空氣中那誘人的香氣,以及相當奇妙的光線質感。這意象就深植在我的心靈中,像是我去學校會經過的那扇四葉草形窗戶,我們常去吃午餐的茶館裡那帕拉底歐式的拱門、一個朋友家中宛如藝廊般從地板至天花板懸掛的畫作、有一扇鑄鐵大門摸起來的感覺。我可以想起那些顏色:當海浪從沙灘上退去,海水的泡沫混合著沙的顏色;或是某種特定的淡紫色,那是當加州紫丁香綻放的時節,夕陽西下時山脈會染上的顏色。這些印象都是特定而且個人的。

風格的感覺也會因為家庭而來,或者因而受到啟發。從我的成長過程,母親對花園的喜愛影響了我,家中每天有新鮮的花朵、黑白棋盤格地板、我父母親的娛樂、家中的餐桌如何擺設、我們用什麼樣的盤子。這些還有其他許許多多的影響,都可以深入到我的視覺記憶庫中,有需要時成為工具箱供我取用。

設計師把自己變成考古學家,去發掘、瞭解這些童年經驗和關聯,將會比任何學校、教科書或是實習更能教導我們,自己對於設計真正的定義及認識。一個通達的設計師也是個視覺的傳譯者,其作品應該是根植於其自我,再加上多年的學習與經驗。這會將個人的作品從不過是裝潢,提升到具有深度的意義以及個人化。要發展出完整而全面的設計語

古斯塔夫·拉莫斯·里維拉(Gustavo Ramos Rivera)的畫作《歡呼》,以強烈的色彩,替這個原本沉靜的起居室角落增添了俏皮、當代的品味。一對在亞伯特·哈得利拍賣會上購得的椅子,再加上兩張復刻版,組合成一套。大理石八角形桌子則是由已故的麥可·泰勒為南希·陶樂(Nancy Dollar)所設計的。

彙，需要很多年的時間；但是透過挖掘心靈
中精要的、有靈魂的回憶，會對設計師的個性
有所貢獻，可以為其作品及創意帶來獨特的
風格。所有的傑出頂尖設計師，那些我有幸稱
之為同儕或是朋友的，不見得和我有同樣的
風格或情感，但我們都同樣有這種考古學家
的特徵，不斷地探索、保持熱切的好奇心。這
種探究心是一輩子的、永不結束的教育，滋養
我們身為設計師的創造力。我們把過去帶到
現在，用以設計未來。

這間客廳擁有從舊金山從西海灣到
大橋的壯麗視野，富饒的水天是天
然的配色。乳白色是參考該地區少
不了的起霧日子，賦予房間平衡的
色調。

The Private Wo

Value 價值

史考特·薩爾瓦多
SCOTT SALVATOR

一間設計得好的房子充滿了故事，而且無須解釋。它就是某人生活的證據。就如同高級訂製服一樣，它只適合居住在其中的人，對其他人來說都不合適。

一個不可思議地個人化、令人身心愉悅、完全反應業主的設計，是無價的。坐在配合身形製作的椅子，四周圍繞著旅行帶回的紀念品、讀過的書、美妙的藝術品，牆上是最喜歡的顏色──還有什麼比得上？

最高品質的室內設計會帶來價值。屋裡的每樣東西都不是自己做的，但為了達成這樣的價值，設計師必須對各行各業、藝術與工藝有深入的瞭解。方毯、地毯、古董、老件、家具面料、窗簾、照明、漆……對這些東西瞭若指掌，只不過是設計師必須具備的知識的一小部分而已。

室內設計可以拿來和藝術工作或協作相比，這種工作必須反映出客戶和設計師雙方的個性和風格。當客戶與設計師經過多年的配合，並發展出一種個人式的語言時，就能得到最棒的設計。客戶與設計師之間的「陰陽」越多，結果就越好。可是，不要搞錯了，設計師還是必須掌握主控，預料客戶的需求與喜好並加以施行。

設計師和客戶的關係，很像文藝復興時期的藝術家和贊助人一樣：前者在後者的支持、引導下，製作出作品。就像一幅畫，拿畫筆的只有一個人；合作並不代表一個人畫嘴巴、另一個人畫耳朵。這種組合的價值，是來自設計師對客戶的喜惡以巧妙的方式加以轉化成設計。

在室內設計中有很多技術成分，是有價值的，而且有很大的價值。這些技術是習得的，而不是天生就有的。設計學校為這種裝潢的藝術提供了重要的背景知識，其他領域的設計也貢獻良多。但大部分室內設計所需的、有價值的技術要求學校裡沒有教，必須替富有經驗的設計師當學徒才能學到。設計師必須要能掌握桌上的吊燈恰當的尺寸及高度、桌子正確的高度、座位的高度、以及沙發恰當的尺寸。偉大的時裝設計師哈爾斯頓（Halston）可能用簡單的剪裁就能做出一件裙裝，但是絕對沒有人天生就知道該怎麼裁剪出裝飾皺領，而是必須經過學習；製作家具的軟墊、正確地為地板貼花、調配牆壁的亮漆等等也是一樣。

專業設計者必須有多年的經驗，才能取得所需的技術及實務經驗，能夠將房子妝點得一貫而完整。設計師最不想聽到的評論就是：「很親和」、「保守的」或是「宜居的」。設計師想要的是：「哇啊！」當一切都到位時（通常是經過幾個月或是幾年），結果會是天衣無縫的，不論房間是走極簡風、繁複風、休閒風或是混合風。這對客戶來說是無價的。

位於紐澤西皮北克－葛雷斯東一間歷史悠久、有三十八個房間的廣廈，約一九○○年建成。這間觀景房可以眺望深谷湖。小酒館風格的柳條桌椅，讓華麗的紅色簾幕顯得沒那麼正式。

Integrity 一體性

尚·韓德森
SHAWN HENDERSON

我對我的客戶們實在感到敬佩。他們改變、撼動世界。如今的客戶,他們的生活比以往都要忙碌,所以我設計的家以平衡與秩序帶出一種寧靜的感覺。當感官超載已經成為日常,大體來說,專業的設計者較少用華麗裝潢的室內加以應對。

這種化為沉靜的改變,可以用室內填進的家具數量來衡量。家具越少,大約氣氛就越適合沉思。但事實上,要創造天堂,比較需要三角函數而不是單純的減法;因為每一樣留下來的物體都必須傳達更多的意涵。

這也就是為什麼,至今我還是被一張邊桌深深困擾著。在一個不應該說出業主是誰的設計案中,這張從別處取得、製造者不詳的桌子,從即將到來的完工期限看來,已經足以應付了。難道還有更好的解決之道嗎?我可以找一張原本就和這張沙發桌成對的,或是交由信賴的匠師,從那些原創的作品中找到靈感,並為我的客戶專門製作,將客製化的設計付諸實行。

我將一體性訴諸傾聽。當我自問某個物件是否與其他的物件協調,那種時候我常想起當初我在紐約開始當設計師時,網際網路才剛剛萌芽。如今,設計師不用出門就可以接觸到全世界的物件;在當時,奔波拜訪展示間才是日常的一部份。不過,好的商家會提供知識,讓奔波值回票價。我還記得這些商家對其藏品的設計及製造知識有無比的熱情,如此謙虛地照料著這些古董的傳承。說起來,是一體性啟發他們如此熱誠地傳述這些物品背後的故事,並細心呵護它們。

同樣的,和我合作的匠師也很明顯地專注於其手藝,他們尊敬原材料,這對於我們所處的這個世界是個很好的借鏡。歷史還沒有壟斷敘事角度。

成本或來源也不是一體性的指標。不論是室內設計或是家具設計,都是改善生活的過程,各式各樣的人都應該要有機會接觸這樣的智慧。如今,那些負擔得起的新商品,是如何用令人意想不到的方式使用某種材料,常常讓我感到驚喜。在這樣的成品中,你可以聽見設計師熱情地描述那個靈光乍現(啊哈)的一刻,或是如同跑馬拉松一樣的漫長商品開發過程。這些物件並非每一樣都在視覺上讓人目不轉睛,但就連那些不起眼的成果也能告訴你一些,關於概念與製作的故事。甚至不同的人會說出不同的故事。

對於讓這些成為可能的家具及家飾的藝術,也應該以同樣的細心加以對待。假如一個物品中有一體性存在,那就是這個物體在成型的過程中,有一體性存在。

在我的工作中,許多物件的一體性強化了一種簡約的風格。也就是說,我確保每個獨立的元素能與其建築的脈絡相應和。例如,在科羅拉多州一棟極簡風格的房子裡,家具和織品就與非全新的木材相呼應。而康乃狄克州一間由穀倉改成的屋子,看得見構造細節,導致使用上也反映這些構造最初的目的。與建築風格扞格將會加添新的訊息層,相較之下,將原本的設定納入對話中,則能強化讓居住者感到安全有序的歸屬感。

當兩個不同的物件在功能上、與客戶的品味上都完美地切合,我主張採用與建築更為和諧的那一個。如果這三者都不分軒輕,那

在這間都市叢林中的窩裡,保守而女性化的薄皺窗簾,軟化了Dunbar品牌沙發及躺椅的陽剛味。一張訂製的咖啡几和賈克思·安德涅(Jacques Adnet)設計的沙發桌搭配得完美無缺。

麼選擇就有賴於敘事角度。我相信，正是因為堅持這些內涵，室內設計師才能將他們的專業，從服務提升為藝術。

也許就是因為這樣，我才會被那張邊桌給難住了。當我回過頭看那時的選擇，這個小配件確實有達到功能性、符合客戶品味，也與建築本身和諧。但它本身卻是沉默的。

可以肯定，其他專業人士可能不會這麼在意客戶個人是否認同某個物件，或是物件與建築物的和諧。但就如同整個設計之海轉向更簡約的室內，訴諸一體性的潮流也將隨之升起。不管我們怎麼稱呼它，說它是一種敘事角度、一種聲音或是真實、根源，抑或靈魂都好，總之我們比從前都更渴望意義。這種渴望是受到尋找安寧的居所同樣的衝動所驅使。一體性的各種物件是蘊有深刻意涵的，慢工出細活的，少有雷同的。它們是日常生活的解毒劑。

這間客廳裡富有各種精細的質感。一對旋轉椅．原始版的設計出自瓦德．班奈特．面料是石灰色絲絨布．沙發是為了客戶訂製的。復古的Stilnovo品牌吊燈、Caste品牌的邊桌．讓空間變得完整。

Teachers 師法

文森·沃夫
VICENTE WOLF

在這間位於紐約州威徹斯特郡的家中，橢圓的木屏分隔了廚房與起居空間。S型潘頓椅（Verner Panton）圍繞著餐桌。

右頁：在這間明快的起居室裡，戲劇化的藍色俱樂部椅，環繞著動物印花圖案的矮桌。衛星（Sputnik）風格的天花板燈具以及三支雕刻精細的燭台，在日落之後提供柔和的照明。

「看見」需要的不止是睜開眼睛而已，還要有感知和意識，才能欣賞我們正在觀察的東西。透過樹葉灑落的陽光變成一首視覺詩，不同色調的綠進入眼簾，投射在地面上的枝幹陰影也有了立體遠近。就是在這樣的時刻，單純的「注意」變成了靈光乍現，我們比喻上地呼吸光、陰影、樹的顏色，透過這些懂得了樹的本質。

我們當中有很多人對周圍視而不見。日常生活中不是一心多用，就是深陷於虛擬世界中，而忽略了就在眼前的東西。有意識地去辨識我們周遭的每樣東西是如何影響、改變我們，會提升我們的生活。

不用說，我的事業是奠基於對美學的敏銳，但我從小就開始注意周遭的環境，使我的人生更豐富，因為我與物體和環境之間有經驗上的連結。旅行也不斷地教育我，但是常見的風景和異國風情同樣讓我印象深刻。沒錯，埃及的石柱教導我比例與尺度；但我的週末度假屋附近沙灘上的鵝卵石，也不斷地擴大我對灰色灰褐色的定義。

我在做設計時，經常放下筆，離開工作室去散步；那時我就會對一切呈現眼前、生成想法的事物完全開放。這些都是餵養靈感的飼料。人孔蓋的格點可能會影響我正在為上東區的街屋所設計的地毯花樣；百貨公司櫥窗裡的一件巴黎世家晚宴服，可能會影響我為巴黎一間公寓所定下的色調。一棟房屋立面的石雕可能會導致我用實驗性的方法為一間餐室的壁布增添觸感；紐約的人行道上，摩天大樓在一處水窪中的倒影，又會給我另一種觀點。上述這些靈感，全都來自一次短時間散步的精華。

這種看世界的方式不是專屬於設計師。我們每個人都可以練習聚焦這世界中讓人驚異的日常細節。但首先，我們必須願意將每個漫遊到我們視野外圍的日常物體，都視為老師。如此一來，世界就變成我們的教室，日常片段就成了我們的教材。我們眼見、遇見的每樣事物都變成珍貴的學習材料。當我們帶著好奇與開放的精神接觸世界，就會帶來意外的收獲。

Taste 品味

大衛·克蘭博格
DAVID KLEINBERG

將品味定義成一種美學主張，就像是試圖描述氧氣的顏色一樣。就各種意義來說，品味如同朝露；不論如何它都是個人的，又受到社會與時尚變幻莫測的影響。但它同時也是某種我們可辨識的常數，就如同正確的音高一樣。

為什麼古代希臘人可以創造出那樣的建築秩序，使現代人依然能與之產生共鳴？工業與科技革命使我們周圍的一切都改變了，但不知怎的，一間尺度恰當的房間依然能賦予人愉悅的環境，多立克柱式依然讓人覺得穩重。確實，華頓和奧戈德曼在編寫《居家裝潢》一書時，對於什麼是良好的品味、什麼不是，有非常具體的規則。他們的品味主張在今天還有多少是正確的呢？品味是否只是觀點的不同——街頭或皇室、前衛或老派？

我這一生的工作就是奠基在這種難以定義的品味概念上，就連對我來說，品味都很難恰當地加以定義或是量化。「品味」不應該與「風格」混淆。「風格」很容易定義，那是一種明確的觀點，是時尚與經濟加上一種對陳規漫不經心的藐視。風格是易變的，品味則是持久的。但即使有這些規條，我所在的這世界卻有著無窮無盡的選擇，沒有什麼答案是錯的。或者，真的是這樣嗎？

我一向對自己的品味很有信心，我的美感就是我的衣食父母，我的工作就是說服別人採取與我相同的觀點。良好的品味的根基是恰當與舒適，我依然全心相信這些是最終的定義標準。

在此標準下，各種美妙的、多樣的詮釋，就來自於個人對於可接受的、恰當的見解表述。年輕夫妻的城市居所，與退休夫妻的海邊別墅會有極大的不同；力求正式的生活，和自由奔放的波西米亞，兩者的住宅會呈現對比；

一幅費爾南德·萊格（Fernand Léger）的立體派油畫，為這間位於紐約的書房增添威嚴。牆上的鑲板是上深色漆的紅木。一張鑲釘邊的沙發及一對皮革俱樂部椅，與房間另一頭安德烈·索內（André Sornay）的牌桌椅，構成平衡。

這些不同的生活方式，如果運用了合適與舒適的原則，都可以展現出良好的品味。就是這麼簡單。

雖然我從未完全對折衷主義的風格心悅臣服，因為我覺得它常導致視覺上的放縱，但我相信，要是它感覺是對的，看起來就會是對的。具有判斷力的眼睛會引導你檢視、安排你所挑選的物件。就像一個天生對香料與味道有所瞭解的廚師一樣，我可以用對於尺度、質感、顏色的觀點去檢視一個場景，以創造出視覺上的平衡與和諧，這種平衡與和諧是可以辨識、卻又不可預知的。

在我的職業生涯中，非常榮幸曾經直接和亞伯特·哈得利及希絲特·派瑞許一起工作，這兩人的超卓的品味影響了他們接觸到的每一個人。哈得利先生有博學的天賦，他的話語和草圖可以解釋證明，一個品味良好的環境中有哪些組成。派瑞許女士則完全靠直覺。她無法解釋為什麼一間房間是對的，就像她無法解釋怎麼製造太空船一樣；但她的直覺永遠都直接命中，每個人都讚賞她的品味帶來的成果。這兩位偉大的居家裝潢大師各有獨特的風格，但他們的品味是無庸置疑的。

我們都很熟悉這句話：「美存在觀者眼中。」但是眼睛也是肌肉組成，在這方面，眼睛需要練習並經常加以訓練。戴安娜·費藍（Diana Vreeland）主張「眼睛需要旅行」，這話一點也沒錯，必須透過看見才能知道。所以現在你知道了：品味的核心是混雜了各種影響，包括政治、經濟及科技，並透過天生的第三隻眼加以編輯。相信我，當你做對的時候，你就會知道。

這間臥室位於曼哈頓上東區的住宅內。手工印製、銀色底的Gracie壁紙，反映出房間內充足的光線。迪亞戈·賈可梅堤（Diego Giacometti）製作的椅子，以及羅伯特·梅皕索普（Robert Mapplethorpe）的攝影作品，使整個畫面完整。

Passion 熱情

羅伯特·帕賽爾
ROBERT PASSAL

我的第一次室內設計大冒險，始於就讀紐約奧巴尼爾大學的時候。新鮮人的我和四個室友住在校外的一間小到不合理的房子裡。當時我對傑克森·波洛克（Jackson Pollock）很著迷，於是把深色的木頭牆板用藍灰色的漆遮住，接著用一層層的黑與灰濺在整面牆上。當時的我年輕、受到啟發、無所畏懼，於是我讓我的第一次狂野不羈。

畢業之後，我讀了朱莉亞·卡麥隆（Julia Cameron）的著作：《創作，是心靈療癒的旅程》（The Artist's Way），這本書中的十二堂課，鋪成了一條成為創意人的路。對我來說，這本書是一個啟示。當時的我和很多年輕人一樣，開始做一份不怎麼讓人興奮的工作，同時試著搞清楚我到底想成為怎樣的人。我跟著卡麥隆的課程到第五還是第六周的時候，我知道自己想走哪條路了。我在學生時期感受到的那些狂野的悸動開始匯流，我沒有其他選擇，只能跟隨我心，以及卡麥隆的建議。就在幾天之內，我就在紐約科技時尚學院註冊了室內設計課程，並在這一行的佼佼者約翰·盧賽利（John Rosselli）的工作室找到一份工作，一頭栽進了室內設計這一行。

以同樣的方式，我那平穩的衝動引領著我度過設計生涯的成長期。成長的過程讓我相信，在幫一個人設計他或她的家之前，必須盡可能地瞭解關於這個人的一切。室內設計是非常個人的，我非常自豪能讓我手中的設計因人而異。偉大的設計就是轉譯自人們最深的渴望、潛藏的能量、最遠大的抱負，以個人化的視覺語言與客戶產生共鳴，其作用甚至連設計師本人都無法完全明白。家不只是一個物理性的空間，而是一個綱領，引導、鼓舞、激發我們每天熱情地過生活。

從實作上來說，我和每一個客戶的關係，都始於在社交場合裡以及他們的自家中和他們相處。接下來是一份有二十五項大綱的問卷。童年時的臥房，最讓他們喜歡的是什麼？習慣用蘋果系統還是微軟？度假去聖巴瑟米還是聖彼得堡？每個問題都是希望我的團隊可以為客戶做成細緻的個人側寫，他們坦誠以對的答案變成未經掩蓋的真實，讓他們的熱情所在變得具象。從微小的細節而來的決定，讓無微不至精心設計的空間活過來。

不論有多精美，光靠賣風格是不夠的。透過與客戶的溝通來微調設計、將業主的熱情所在化為物理上的實體。將業主的熱情所在，與熱情投入的設計師的直覺結合，以此創造出室內設計。這個過程就是將設計師對於獵取設計及家飾創意的熱情，置於客戶真實自我認同的引導之下。

不管做什麼事，只要是跟隨我們熱情之所在，就可以改變很多人的生命，甚至是在我們自己不知情的狀況下。就如同卡麥倫改變了我的人生，我希望我也能改變我其中一個客戶的人生——以最微小的方式，例如讓訪客駐足的門廊壁紙，或是由奢華的簾幕所框起的中央公園一景，凸顯了早春的花團錦簇。

如果執行得當，設計是關乎興趣以及表達，這是天生的。你只需要注意自己的熱情所在就行了。

這間位於紐約上東區的起居室，以現代的感受對過去致意。整個房間裏上層的巧克力棕與乳白色調，藝術品及家飾品則帶來更多活潑的顏色。

Aspiration 心願

史蒂芬·席爾斯

STEPHEN SILLS

我在奧克拉荷馬州長大，受到當時我還不明白的願景所吸引，而把弄清楚這願景變成了我的工作。從兒時開始，我就對藝術家及設計師感興趣，像是比利·鮑德溫、塞西爾·畢頓（Cecil Beaton）、巴黎的查爾斯·塞維尼（Charles Sévigny）、法蘭西斯·貝肯（Francis Bacon）以及賽·托姆布雷（Cy Twombly）。當時，我們家的朋友聘請鮑德溫替他們在達拉斯的家做裝潢，所以我小時候就接觸了這樣的環境。當我十六、七歲的時候，覺得查爾斯·詹姆士（Charles James）的作品很天才，具有教育及啟發性。我的一個朋友替德梅尼斯夫婦（de Menils）工作，所以我前去拜訪他們，並參觀他們那棟由菲利普·強森設計的房子。那棟房子很神奇又異樣，大件的維多利亞時期家具，包覆著優雅的絲絨，門上也包覆著光滑的絲絨。我從來沒有看過這樣的東西，那讓我想像力橫生。這棟房子的設計很聰明、很細緻，而且遠遠超前時代。

除了上述這些影響，我也一直試著發明我自己的風格。大學畢業後我在歐洲待了三年，那是掙扎的、痛苦的創造性追尋。那時我不斷地努力、思考：要怎樣才能讓這房間看起來不凡、美麗、前所未見？這個跳進未知的過程，一直讓我獲益良多，直到我三十好幾——那時，奇怪的事發生了：這件事突然變得簡單了，就像騎腳踏車一樣。

如今，當我開始一項設計案時，我會問一些老問題，好讓我的客戶打開話匣子。他們想像自己在這房子裡是什麼樣子？他們想怎麼生活？他們想怎樣去感覺？客戶們都有不同的個性、不同的答案。但是在我的腦海深處，總想告訴他們我的想法，告訴他們該如何活

出期望、變成什麼樣子——不是他們今天想要什麼，而是五年後他們會想要什麼，也就是他們的心願。

我從他們所說的當中找提取精髓。例如客戶說：「我不喜歡花朵圖案，但是藤蔓圖案沒問題。」那麼我就會給他們一些他們說過想要的，但同時誘導他們進入更高的層次。「這個藤蔓紋的亞麻絲絨布料真漂亮，要是整面牆都是，就更美妙啦！」這種話就是攻心戰術。說服是種緩慢的過程，會花上好幾個月又好幾個月的時間。

我用釘在一張大板子上的布片和織物，來展現把我對於「客戶想要什麼」的詮釋。客戶看著它，有時會感到很憂慮，因為那不是他們腦海中的樣子。但是，因為我的設計是層層疊疊的，所以我不會在一次失敗的進攻中把所有的想法展現出來，從而把客戶嚇跑。相反地，慢慢地我們一起選擇布料、顏色、家具。在我腦海深處，我知道自己想要達成什麼效果，但這是個緩慢的教育過程。就如同戴安娜·費蘭說過的：「給他們他們自己還不知道自己想要的。」當一切就定位時，你會看到客戶的眼中放光——他們懂了。

我在奧克拉荷馬州的塔爾薩，從零開始替一棟房子做設計；客戶很特別，他們收集抽象表現主義的畫作。他們已經有一間鄉村住宅，旁邊有一塊空地，他們想要在此增建。在這間房子裡，他們收藏的大幅畫作，像是馬克·羅斯科（Mark Rothko）、莫里斯·路易斯（Morris Louis）、塞·托姆布雷，以及瓊·米切爾（Joan Mitchell）的畫作，就佔據著整面牆。

這組客戶唯一的要求就是這個新房子天

這間位於中西部的臥室，壁面是手工印製的粗麻壁紙，營造出悅目而優雅的休憩所。一張一九二〇年代風格的法式椅及扶手雙人沙發，中央是一張四柱床，靈感來自一個古董鳥籠。壁爐則提供季節性的溫暖。

花板要夠高，足以展示他們的藝術收藏。我設計的這棟房子比他們期望的更高，天花板高得誇張—足足有廿四呎（約七點三公尺）！但這棟房子並不大，而且很舒適。我是為了這些畫作而設計這棟房屋（這本身就是一個特別的機會），接著客戶又開始收集古董家具。這棟房子的風格讓人想起休·紐威爾·雅各布森（Hugh Newell Jacobsen），有著上白漆的磚、大型的窗戶，如今牆上爬滿了常春藤。

替這棟房子進行裝潢的第一步，就是買下一塊巨大的方毯，後來放在起居室的中央。這塊地毯是十七世紀的威尼斯地毯，顏色是靛青與洋紅，對於現代藝術起了關鍵的輔助作用。怪的是，它看起來像是美國的地毯。在這個空間中，這塊地毯揮出漂亮的一記全壘打。

我希望我的設計案能盡可能達到最好，為此我會敦促客戶採用高品質。東西不見得要昂貴，但是材料一定要散發真誠，要能表現出客戶真正想要的；不論是一個簡單的籃子，或是鍍金的青銅雕像，無一例外。材料的真誠以及物體的純粹，是非常重要的。

當心願達成時，帶給客戶的要比良好的品味更多。這會讓原本無趣的居家裝潢工作，被賦予意義、樂趣、願景，並且將室內裝潢提升至應有的高等藝術的地位。

這間雪茄室位於紐約上城的一棟喬治時期式樣的房子裡，收藏了一系列的土耳其肖像畫。金色調以及間接光源，為晚餐後的親密對談營造氣氛。

Perspective 觀點

班哲明 · 諾利嘉 · 奧提茲

BENJAMIN NORIEGA ORTIZ

創造力有很大一部份取決於你怎麼看事情，以及你個人的觀點。

有多少次你欣賞一個設計解決方案，只因它看起來既熟悉、卻又不在既定的脈絡之內？如果你仔細研究菲力浦·史塔克（Philippe Starck）的設計，會發現大多來自他用相當不同的方式看事物，例如那個站在杯子之上的蜘蛛榨汁器。我們認為很天才的設計方案，來自於某個人張開了眼睛，以這樣或那樣，總之是新鮮的方式，去看事情。

室內設計是將建築與裝潢兩者幸福地結合在一起，你看待事情的方式，可以造成極大的不同，從令人愉悅的解決方案，到完全革命性的都有可能。例如說，要是你會在客廳裡看電視看到睡著，那為何不乾脆在那兒擺張床呢？又或者，你會在臥室裡看電視，身邊還有小孩和朋友，那麼何不乾脆設計一張八呎寬的床墊，讓每個人都可以舒舒服服地看你的節目？甚至更激進的作法：何不把整個房間弄成一張床呢？一旦我們把加諸在房間上的功能及標籤（以及一般會放在裡面的家具）忘掉，我們的室內環境就會變得更有趣、更合適。只需要改變觀點而已。

在餐室裡放長凳而不是椅子變得越來越風行，原因可能是有人覺得椅子看起來太多太亂，或者是客人喜歡坐靠近一點，又或者不夠空間讓客人各自坐椅子。事實上就是椅子的功能被長形的水平面取代，以供數人坐在餐桌旁。翻開夏洛特和彼得·菲爾的書《一千張椅子》（1000 Chairs），你會看到對於「坐」的一千種不同觀點。

雖然廚房是屋裡最實用、最具功能性的空間，但只要注意一些限制，也可以用不同的方式看待之。要是你烹飪的時候只會使用冰箱一次，那可以把它放在另一個房間裡嗎？

只要小心地選擇材料，白色可以是最適合用來裝潢的顏色之一，即便對某些人來說這可能違反直覺。在這間巴黎pied-à-terre〔用來偶爾小住的地方〕，所有的家具面料，包括蒙古羔羊毛抱枕、巴塞隆納臥榻上包覆的皮革，有汙點都可以被清除。

在這個光線充盈的起居室裡，幾個不同的單椅組合取代了常見的座椅安排。原本可能猛烈的西部陽光被皺摺多但半透明的窗紗分散了，白漆的地板將光線反射各處。

我們把東西放進烤箱之後，就會把它留在那兒一個小時甚至更久，所以說，為什麼它非要放在這麼顯眼的地方不可？你又不是在表演烹飪——要是你真的是的話，那又可以轉換成另一種觀點，像是把爐子放在一個中島，四周放著凳子。看看所有構成廚房的元素，它們可以用另一種方式來安排，變成更有趣但還是很實用的空間。

顏色又是另一種可以重新加以看待的元素。替小朋友或是寵物做設計的時候，我認為白色是最好的顏色。這聽起來和你的直覺相反，但是你想想，白色可以漂白，彩色卻不行。白色告訴你何時該清洗，為什麼要用掩飾髒污的布料呢？看得見髒才能去清潔它啊。

接下來我們想想居家辦公室。有個朋友曾經告訴我，不論他在斯堪地納維亞的哪裡工作，大筆的交易都是在桑拿裡達成的。這給了我一個想法：何不在他家裡設計一個蒸氣浴室，可以容納八個朋友，再加上一張鋪上防水布的沙發，以及設計精良的戶外長椅？一個小型廚房組，也許再來一台電視，就完成了這間不平凡但很恰當的空間。

沒有其他場所比旅館更能體現這種觀點上的創新了。在這些臨時的家中，我們允許自己和平常不一樣，用不一樣的方式思考、去體驗非比尋常。旅館業者伊恩・舒朗格（Ian Schrager）稱之為「旅館即娛樂」，真是再貼切不過了。當我們放鬆的時候，不會在乎浴缸就在床腳邊，而洗手槽是戶外一個固定在壁架上的大貝殼。離開家，我們可以接受房間是開放式的，鳥可以飛進飛出。我們不讓自己在家也享有這樣的彈性，是因為我們沒有用不同的方式看事情；不像是放鬆時或是度假時那樣。

因此我會建議，做空間設計時讓自己從平凡的現實中解放，並記住「自助」大師韋恩・戴爾經常重複的那句名言：「當你看待事情的方式變了，你看待的事情也會變。」

STRUCTURE

結構

Symmetry 對稱

馬克·庫寧漢

MARK CUNNINGHAM

科倫·麥肯（Colum McCann）的《讓美好的世界轉動》（Let the Great World Spin）是我最喜愛的書之一。這本書雖然是虛構，但構想是受到以下真實事件的啟發：一位法國的高空繩索藝術家菲力浦·佩蒂特（Philippe Petit）在一九七四年，從架在紐約雙子星塔之間的高空繩索上走過。這本書中每個不完美的角色，也都在生活中尋找平衡，尋找一種個人的對稱。這個主題是如此的普遍，因而能引起共鳴。

在生活中的各方面，平衡都是很重要的，包括我們居住的空間在內。室內設計最大的挑戰之一，就是找到正確的平衡——光線的、質感的、顏色的。要達到平衡，通常會選擇以下三種方法之一：對稱平衡、非對稱平衡，以及放射平衡。

對稱平衡是設計中取得視覺平衡最直接的方式。這種如同鏡像的平衡也可以藉由不同的元素來達成，應用範圍從建築到家具皆可，讓人有種穩定、尊嚴的感覺，是其他方式所無法達到的。

非對稱平衡則需要仔細的思考及精心策劃。這種方法往往看起來更活潑、多元、有趣。非對稱平衡也會更難達成，我認為其過程相當的令人緊張。用不同的視覺量體去創造一層層的元素，產生出平衡、有深度且和諧的結果。

放射平衡是用來強調空間中的某個元素，例如一件藝術品、特殊的古董藏品，或是深刻的結構元素。這種做法的挑戰性在於圍繞著單一焦點，藉由其他向外發散或向內聚斂物體，去創造對稱。這種做法要成功，必須能控制人在空間中的注意力。

這三種對稱的方法都各有其目的及重要性，但我承認，我個人偏好非對稱平衡。

我在山脈、平頂山、高原和平原包圍的西南部長大，當我成為一個年輕的設計師來到紐約時，感受到的是相當強烈的對比。我從前習慣的開闊空間，如今被高聳的花崗岩和石灰岩之間的狹長空間取代。紐約強調的那堂而皇之的視覺秩序，是我從前不曾經歷過的。這個改變需要調整和適應，但我也很感激這個經驗教我的美。

我在聖羅蘭任職的期間，對於對比的重要及刺激有了更深的接觸。不論是在伸展台上、廣告中、或是商店櫥窗裡，高低元素的組合都是基本的做法。這種組合總是會帶來獨特但非遙不可及、原創的時尚感。當時我負責在銷售據點內，利用一層層悉心經營的元素、不同的感覺，去創造不對稱平衡。因為聖羅蘭的時裝不斷地演進，所以不同的風格必須在同一個空間中同時存在，還必須彼此互補、互不競爭。

我相信，各種形式的對稱，不止是室內設計不可分割的一部份，也是生活的一部份。不論用何種方式去達到居住空間內的平衡，每個元素都是經過仔細、刻意的安排。不論其內容是否包含了大與小、光滑與粗糙、亮與暗、高與低的各種元素，始終都是為了創造出我們心中最喜愛的結果：引人注目又讓人愉悅的平衡。

在這間位於曼哈頓上東區的住宅主臥室中，有些看似白色的其實是淡藍色。藍色絲綢包覆的簡約四柱床，其對稱性在櫥櫃的分割面上重複。床頭板上的藝術品是米爾頓·艾福瑞（Milton Avery）的作品。

在這間格林威治村的雙拼公寓裡，住
的是一位廚師兼作家。起居室和廚
房直接相連，牆壁和櫥櫃以深色橡木
包覆，深色的家具面料呼應上方的格
子天花板。沙發後方掛著的二件組藝
術品是埃爾斯沃思‧凱利（Ellsworth
Kelly）的作品。

Floor Plans 樓層平面

艾提南·寇夫伊尼爾與艾德·庫

ETIENNE COFFINIER *and* ED KU

沒有什麼比樓層平面更重要的了;這是我們的設計哲學中顛撲不破真理,因為樓層平面是人在這空間中如何生活的指引。

我們認為好的樓層平面會反映出這個設計案中的「何者」、「何處」以及「何物」。使用這空間的是何者?這個空間位於何處?空間中會有何物?

我們從詢問客戶著手:何人住在這個空間中?父母親希望孩子的房間就在他們的房間附近嗎?孩子們是在自己的房間裡做功課,或是需要另外的工作／遊戲區域?父母親有娛樂嗎?要是有的話,是正式的還是非正式的?他們喜歡留客人過夜嗎?他們想要開放式的廚房或是全家的休閒區域,還是比較偏好傳統式的、不容易被客人看見的廚房?他們怎麼放鬆自己?是在安靜的角落讀書,還是做運動?這些還有其他很多的問題,其答案將會幫助我們規劃出符合客戶需要的平面,甚至能讓他們享有他們自己原本都無法表達的生活方式。

瞭解使用空間是何者的同時,也必須考慮空間本身,也就是「何處」。設計的對象是一間單房公寓或是一棟房子,樓層平面就會有很顯著的不同。每個空間都有其困難點。小空間裡每一吋都必需計較,所以我們常常會做有彈性的設計;而非常大的空間則面臨另一種尺度的問題,必須確保使用者在空間中不會覺得被壓倒。每個空間也會帶來各自的物理環境。關於光線、景觀、鄰居,在空間中的指向性又為何?樓層平面就必須反應這些屬性。

樓層平面的最後一個重要內容就是「何物」。哪些東西會成為空間的一部份、進入客戶的生活中?無論是家具、地板鋪面、照明設備、管道、電器或是汽車,我們丈量每一樣會在房子裡的東西,並把一切增添的東西都依其尺寸比例畫上。平面圖上空空的房間不能告訴你任何事,但是畫上家具和設備的平面圖,就能讓你瞭解:這個座位安排能鼓勵人們對話、這間廚房能讓人工作有效率,也能讓家人之間互動、這間主臥提供了隱私及奢華、車庫能放進家庭座駕。

當我們開始做樓層平面時,會把自己當成客戶,在空間中走動。我們會想像自己過著他們描述中的生活,擁有他們擁有的東西、或是即將擁有的東西。我們力圖想像、描述他們的行為:從這裡進家門,然後在檯面上的一只碟子裡發現給自己的信。在這裡你可以把濕漉漉的傘放下、在這張長凳上可以坐下來脫鞋子。這面鏡子給你檢查領帶有沒有打好。這種過程會延續到整個屋子,我們會去預測客戶生活中的各個部分。好的樓層平面會將生活包含其中,並且可以感覺到房間之間、樓層之間的順暢流動。

沒有特定的空間、特定的物件、特定的人,就不會有成功的樓層平面。建築師的教育告訴他們形式是隨功能而來,而好的樓層平面則能將一張簡單的事項清單,放大、轉換為生活的藍圖。

這間起居室漆成各種微妙不同的白色,鏡面馬賽克反射出房間內充足的光線。小型平台鋼琴靠近一扇從地板直達天花板的窗戶,旁邊掛著一幅傑伊·凱利(Jay Kelly)的貼畫:《呼吸(不要欺騙你自己)》。

Portals 門廊

理查‧密善
RICHARD MISHAAN

「門廊」釋放我們對移動的想像。門廊讓我們從一個地方移動到另一個地方，透過這個管道，可以進入一個景象中，讓風景活過來。透過廊道，我們的視野向前延伸、在我們人還未到之前，先進入一扇窗、一道走廊，或是一面鏡子的光圈中。

門廊設計首先、也是最重要的考量點，就是一個起始的視點，讓人觀看這個空間。這會給我們一個整體的預想，透過這個預想，我們更能去辨明、操作每個單獨的部分。這個技巧把門廊當作設計技巧中構築的基本原理，而非僅是裝飾性的元素。眼睛的自然傾向是尋找最美的制勝點，而我們身為設計師的責任，就是引導觀者的眼光。門廊給我們一種藝術的力量，去引導、傳達這場視覺的旅程。

建築空間包括（也可以說就是）連續不斷的門廊。室內空間的構築有賴於門廊的穿透性，就跟牆的不穿透性，以及天花板的密閉性一樣。當我們望進一個門洞裡、一扇窗戶外，就會遇上開闊，那兒不只是光及空間開闊，也是想像空間的開闊。我們就像是望進另一個世界，這個世界佔據我們的注意力，就像是看電影時陷入劇情無法自拔一般。

當然，設計師有很多方法，可以用來構築並強化門廊的框景效果。有一種方法是採取嚴謹的秩序、嚴守規矩，定義出一個較為精確的結果；另一種做法則是允許出現即興的結果，製造出一種印象畫派般的畫面，或是依循自由形態的組合風格。不論最終成果的風格或是個性為何，當觀者往內窺視時，很可能會把這個畫框全給忘了。這種好似立刻置身旅

途的感覺、這種往前的動力，正是門廊結構所引起的。

拍攝風景或是景物時，我們會用鏡頭框住視野，然後捕捉那一刻，從不斷流過的時間中，將這個畫面完美地保存下來。然而對設計師來說，框景的意義遠不止於靜態的畫面或是凍結的視角。我們的媒介是動態的。當觀者在室內走動時就會產生變化，只有門廊（而不是畫面）保持不變。

我個人對門廊設計方式的瞭解，就如同導演對於布景的設置一樣。我會調整中央的主題，然後退後看看效果，不斷持續這個過程，如同在看一幅靜物畫或是柔焦照片。我從想像的鏡頭中窺探，只有用這種淡出的焦距，才能在整體的畫面中創造平衡與和諧。畫家可以利用錯覺創造深度和動態的印象，但室內設計師處理的是生活場景，必須考慮隨著時間和空間不同所產生的面貌變化。我眼睛的鏡頭就在這樣變化的面貌中穿梭、探索。

想像的自由之於門廊是非常關鍵的。在創造這樣的柔焦畫面時，我一方面添加、安排、調整元素，一邊想像我自己是在看一部影片，而非盯著一幅靜止的畫面。當下一次你望進一道門廊時，去找找設計師為你安排的那幅畫面，不僅看看這個框架如何塑造了你的視角，也要看整個視野範圍。然後你就會發現，門廊不僅將藝術的視野集合起來，也框住了每日的生活。

位於哥倫比亞卡塔赫納的密善家自宅，入口門廊裡的長椅來自一間主教座堂，年代約為一八四○年。番紅花色的灰泥牆以及當代風格的燈具，構成了宜人的氛圍。

這間位於曼哈頓的餐室裡，餐桌、
餐椅以及前方的懶人椅，都是在設
計師最愛的商店之一：紐約市的「荷
馬」（Homer）裡找到的。窗戶提供
了用餐時的充足光線，展示牆面上
掛著義大利攝影師馬西莫‧韋拓立
（Massimo Vitali）的作品。

Proportion 尺度

坎皮翁·普拉特

CAMPION PLATT

尺度完全是一種感覺。美只存在於觀者眼中,對於室內設計來說,物體之間的空間,就和物體本身的尺寸一樣重要。

當我還在學建築時,一位教授曾說過,每樣設計的東西,都至少必須有三個層次的尺度。舉例來說,想像一下一件無懈可擊的灰色法蘭絨條紋西裝:首先,你會注意到它的剪裁,然後是條紋的花樣,最後,當你靠近時,透過仔細觀察,才會發現那微妙的布料質感。

這個簡單的規則跟著我很久,直到我真的開始研究我的設計中的尺度。我發現,在實際上的尺度與感覺上的尺度之間,其層次並非絕對分明的。

且讓我進一步解釋。我常常讓我的客戶做以下這個瞇眼測試:想像一下你是電影《黃金三鏢客》(The Good, the Bad and the Ugly)裡的克林·伊斯威特,用一隻眼睛觀察室內,準備加以重新安排。這個練習讓人把顏色拋開,使房間內物體相對的重要性回到基本:單純而基本的空間尺度,以及其中的美麗家具。利用這個簡單的辦法,可以辨別房間的大尺度與小尺度。你可以觀察一下你的眼光如何在房內四處跳躍:上與下、亮處與陰影、粗厚與纖細。

從古到今,我們在四周創造了一個正交的世界,大約是為了驅使、控制自然,並歸納出一本有關比例原則、有關我們如何理解世界的書。然而實際上,我們的世界是一連串微妙的自然不規則形狀,讓我們的視覺讚嘆欣賞;沒有一樣是完美的,卻又都是完美的。為什麼會這樣?其中一個答案可能是在創造現代的視覺景色的同時,我們不僅模仿了自然現象的美妙,也學到了自然的祕訣。我們努力追求完美的室內設計,企圖展現出一種結構,包含了也許最好不存在,但至少應該是讓人放鬆的一連串在視覺上互相牽引的序列、節點、奇景。

如今我們的設計正朝向更一致的、支持環境意識的方向走,我覺得似乎這樣一來,也讓我們在尺度與比例上更接近自然。這不是什麼創新,只是更加科學。前述的瞇眼測試讓人找到設計中的正確平衡,從而最終創造出更人性化、傳續的、令人回味的事物。

我們的人體工學和人體極限並不會太快就改變,但是與之對應的設計卻一直在改變。「椅子就是椅子就是椅子」這種要強調三遍的口頭禪還是對的,但是令人愉悅的理想尺度卻會隨著太虛而改變;原因是文化上的適應以及材料科學的進步,再加上好奇的人熱衷於探索設計新形式,使得我們不斷演變的世界變得越來越舒適、有意義。

請注意,在古老的設計中,單件的家具被賦予更多的意義;每個物體通常都是為了單一而獨特的目的而創造的。而在現代的脈絡之下,家具扮演的角色更為融入,單獨的重要性已經被成為整體的一部份蓋過。也許可以把這稱為設計的社會主義。美好的尺度以及確切的意義,已經被生活的實用性取代,每樣家具都可能有、必須有雙重的目的、必須更耐久、容易運輸、能適應各式各樣的設計可能性。

在這個無固定形體、充滿尺度的世界中做設計,我們應該總要找點樂趣、喜悅和驚歎。也許某些物件可以創造奇觀,但是他們的尺度必須讓人覺得愉悅,彼此協調,且為了它附近的同類,還要再加上一點親切。

一座老爺鐘和一對古董單椅讓這個入口處有種歷史情調,讓人不由得多看兩眼的壁爐,是這個空間中的主角。透明刻花玻璃組成的球形燈具、立在頭樓梯頂端的一具船用古董風向儀,使這幅場景臻至完美。

身為設計師，我們的眼睛總是在組合、創造透視、填滿陰影、連起線條。這也是為什麼鉛筆或水彩畫的室內圖示，總是比電腦繪圖的更誘人。我們的心智喜愛負空間的神祕，被留白、未知、尚未揭露的東西驅動。就像是生日時收到的禮物包裹，未知所帶來的歡樂比真實還要多。

把這些當成工具，受其啟發，偽裝成西部片的英雄角色，用你的眼睛在房間的設計間跳舞，直到每一件東西以及它們的尺度達到完美的和諧。

紐約這間磨坊改造的屋內，起居室裡天花板樑的比例，為房間內其他內斂的家具及陳設設定了主調。請注意壁爐邊框的尺寸，和房間內其他較深色的調性完美地平衡。

Silhouette 輪廓

傑內與瓊安・米歇爾
JAYNE *and* JOAN MICHAELS

美麗的輪廓如同靜物的構圖，優雅、精緻而神祕。微小的細節是很重要的：扶手的曲線、腿的角度、雕塑的塊狀量體、燭台細緻的精密線條。輪廓是一齣由形狀、尺度、平衡與質感所構成的舞劇。

關於輪廓的純粹，最好的範例或許是畫家喬治・莫蘭迪（Giorgio Morandi）的作品，他以中性色調描繪簡單的花瓶與瓶子的組合而聞名。不過，莫蘭迪的作品卻一點也不尋常；不搶眼的顏色、純粹的形狀、重疊的物體、彼此相隔幾寸的物體……這些畫面中物體的輪廓與排列，都是經過精細的考慮。莫蘭迪把它們稱為「親密的風景」。任何一個物體微小的移動，都會產生或是破壞他所要傳達的意義。

同樣地，房間的設計也應該要傳遞意義。它應該是宜居的，而不是純粹裝飾性的，但同時也必須擁有戲劇化的輪廓。線條及陰影創造動態的張力，彼此之間是在玩耍，而不是角力。請環顧房間，它是否和諧？陳設之間是否有呼吸的空間？物件之間是否很自然地互相搭配？就像莫蘭迪的畫作一樣，空間與量體一樣重要。

韻律會讓眼光移動：背景、前景、以及側影。咖啡桌乾淨的表面，應該蜷入沙發的溫和曲線中，壁爐光滑的表面應該涵蓋曲線深刻的面板或是幾何形狀的壁爐工具。一對軟扶手椅應該同一張木質的邊桌或是腳凳保持平衡。一面光滑的白牆應該掛上一幅質感厚重的畫作，或是大幅的攝影作品。

光線也是輪廓的重要環節，就像約翰尼斯・維梅爾（Johannes Vermeer）的畫作會讓我們想起北方的光線、空中的灰塵、十七世紀荷蘭日常生活中的物件。他用樸素的裝飾、黑白的地磚、沉重的窗簾、木質窗框，創造出安靜的戲劇。維梅爾的作品總是讓我們目不轉睛、意猶未盡。

比例也很關鍵。座椅、椅背、咖啡桌、邊桌，這些物件的相對高度應該像是天平的兩端一樣互相平衡。是建築師也是工業設計師法蘭科・阿爾畢尼（Franco Albini），他設計的家具線條挑逗人心，但又沒有任何的裝飾，其比例經過高度的微調、校準。於是螺旋梯變成雕塑、書架好像漂浮的世界。

尺度也是基本的。聖哈辛托山脈（San Jacinto Mountains）美麗的線條，構成了現代房屋的完美背景，由約翰・洛特納（John Lautner）設計的鮑勃・霍普（Bob Hope）之家就是一例。這怪誕如同太空船般的房屋，傲然與山頂相對而立，將解釋與脈絡踩在腳下。理查・內特拉（Richard Neutra）設計的考夫曼之家（Kaufmann House）則是魔幻地漂浮在沙漠中的綠洲之上。

光線、空氣、尺度、比例，構成了一個物件是否合適的運算程式。唯美的輪廓必須看起來毫不費力，即便這樣的結果是透過靈感與計算而來，這兩者同樣重要。設計師必須要用藝術家的眼光，仔細地感受，房間中物體的外形，與透過家具物件的安排創造出的負空間，兩者之間的相互作用。輪廓是可見的，並且經常是雕塑般的，就像維梅爾筆下的室內畫面，如同語言一樣為空間注入戲劇、詩意及藝術意涵，超越功能性。

在這間紐約格林威治村的起居室裡，一張瓦德・班奈特的沙發、一對一九五○年代克斯丁・赫林郝奎斯特（Kerstin Hörlin-Holmquist）的軟扶手椅，兩張邊椅是一九六○年代湯姆林森（Tomlinson）設計的，還有一張卡爾・瑪姆斯登（Carl Malmsten）設計的臥榻，精簡的輪廓完美地和諧。沙發上方的藝術品是提摩西・保羅・梅爾斯（Timothy Paul Myers）的作品。

Scale 比例

胡安·蒙托亞
JUAN MONTOYA

我還記得我看過法國前總統尼古拉·薩科齊和他的妻子卡拉·布魯尼的照片。每當他們兩人公開亮相時,布魯尼從來沒有穿過高跟鞋,只穿平底鞋,好讓自己不會比總統高出一截。我們四周環繞著比例!

尺度是單元與整體之間的關係,例如一張椅子的椅腳和椅背的關係。比例則是那張椅子與其所在的房間之間的關係。設計師不應該怯於在小房間內擺放大件家具。與其堆疊不引人共鳴又無足輕重的小物件,還不如擺一件尚·米歇爾·法蘭克(Jean-Michel Frank)令人驚豔的作品,或是十九世紀的傑作。

我在為二〇一四年基普斯灣居家裝飾展中,為維拉德大宅的展場中的大展廳做設計時,決定讓房間的比例對我說話,以此來選擇家具。在房間的比例以及擺設的比例之間,必須有直接的關係。舉例來說,我替房間中央設計了一張十七英尺長的蛇形沙發。在工坊中製作的時候,這張沙發看起來巨大無比,但是放進大展廳的建築空間中,就完美了。當空間與家具之間隱晦的關係成功時,完成的空間看起來非常自然,每個進入這空間的人都會立刻覺得放鬆。

這就變成了一種練習,讓既存的建築去決定家具及藝術品的比例。一個設計師要學的最重要的課程之一,就是去擁抱比例,讓比例透過陳設自我表達。當我想到比例與建築的關係時,就會立刻想到科比意。他讓人體的尺寸與房間的比例產生關聯,並由此與整棟建築物產生關聯。我參觀過的建築物,最了不起的那些,總是宣揚建構在比例與尺度上的

在這間位於紐約上東區的豪宅中,十七英尺長(五點一八公尺)雙面的蛇形沙發,配合這間巨大的客室,比例正好。同樣合適的還有一張十二英尺寬(三點六六公尺)的不鏽鋼桌,是為了這個空間特別設計、製作的。紅色的畫作是英國藝術家克裡斯多福·勒布朗(Christopher Le Brun)的作品《合唱》。

美。例如由艾瑞克‧岡納‧阿斯普朗德（Erik Gunnar Asplund）設計的斯德哥爾摩公共圖書館，就展現出人體的功能與環境之間的美好關係，以簡化的古典秩序反映現代的使用功能；例如用開放式的書架使讀者易於拿取書籍。

我曾造訪過的最棒的房間，都是容易看透的。這並不是在說這些房間都很空，而是房間內的家具與空間整體，達到精確的比例。房間內的各個元素總是互補，彼此之間有很美好的平衡感，就像是精心編排的芭蕾舞一樣。一間好的房間或是建築，就像是交響樂一樣，由許多個部分組成，產生一種悅耳的和諧。

我六歲大的姪子曾經對我說，他討厭他的房間。我說：「但是它很漂亮呀！哪裡有問題了？顏色很舒服、地毯也很棒。」才說完我就愣住了。我突然瞭解到，那間房間缺乏幻想，因為沒有地方可以躲！房間中的每樣比例都是適合大人，而不是小孩。所以在做設計時，永遠要注意居住者是誰。孩子們在空間中感知身體的方式和成人不同；我姪子的房間中的量體與比例必需要有空間可以玩耍、可以躲藏。這是簡單的一課，對於人口金字塔的任何一階都適用。

不論是為鄉下大宅或是都市小公寓做室內設計，都可以應用一樣的比例原則。用你能取得的最好的物件製造一個視覺焦點，敢於大放異彩。即使是小房間也可以表現宏偉，只要精心佈置、細膩地安排房間中重要的物件，讓它尺寸夠大、風格高超、品質優異。

瑞典藝術家伊娃‧希爾（Eva Hild）的雕塑，安放在台座上。後方是充滿想像力、波浪起伏的灰泥牆，壁爐與牆融為一體。牆上的波浪使二十世紀初期設計的羅馬式樣的建築細部更顯現代感。

Communication 交流

溫索爾·史密斯

WINDSOR SMITH

一間房間要能吸引你進入，才稱得上真的美麗。它讓你往前踏一步、探頭看看角落、不放過每個觀景線，這種難以形容的特質，有些人稱之為流暢。在很多方面來說，創造這種誘惑的行為，一直以來就是純粹仰賴直覺。即便如此，還是有些法則可供眾人遵循：不要擋住視線、避免死路、替家中塑造通道時，千萬不要無視於原本存在的軌跡，還有，讓往來頻繁的喧囂房間，遠離讓人喘息的空間。

傳統的平面構成對於這些規則的重視，值得尊敬。這些傳統的平面考慮周到地將一系列的空間排序，從親切的入口處到會客室、隱藏在後方的走廊，最後才是私人的房間。但是在如今這個簡訊的時代，哪裡才是隱私的範圍呢？誰沒有在臥室裡、浴廁裡回過簡訊呢？誰又不曾在晚餐桌上拿出手機，想要搜尋想不起片名的那部電影，卻看到自己忘了回的那封Email？

不管再怎麼想要，還是沒有哪個更新程式可以把現代生活中種種令人分心的功能及消遣，回復成從前那個有條有理、按部就班的家庭生活。不管再怎麼把空間、燈光、顏色安排得井然有序，生活還是一樣不斷被打岔。

即時訊息、緊急電子郵件、視訊通話、線上觀賞，這些原本設計來拉近人與人之間距離的功能，卻也把我們彼此推得更遠。不久前我意識到，要讓我那些生活緊湊的客戶們真的感到開心，我的工作也必須進化，去適應這種跳躍的、開與關組成的新風景。在建築物中，我要追求的流暢，是每日生活中的交流。我必須找到有形的方式，將情感與聯繫放進構成房間的基因裡，而不是像從前那樣埋頭創造美麗就好。我必須把人吸引到比隔壁房間更遠的地方。現在我的工作變成啟發我的客戶去表達自我、在他們自己的牆內進行更深度的交流。

家是人的避風港，這不是什麼新概念。不過要把家設計成感覺既是個人的城堡，又具有臨時辦公室、餐廳、健身房、劇院或是沙龍的功能，這就是全新的挑戰了。

以往我們認為，開放式的平面會提供以上挑戰的解答。廚房變成一個大房間，當媽媽在煮飯時，爸爸可以倒杯威士忌、小孩則在一旁看電視或在檯面上寫功課。但是我們發現，「同在」不見得就是「一起」。房間有多種功能還不夠，還必須能夠不冒失地、悄悄地影響你，讓你呼吸、生活時不只是出於習慣如此。

如今，一個好的設計師必須有點像個巫師，把各種成分混合，好讓客戶可以回到那種微妙的人際溝通。想法必須超越功能性而升級到儀式性。一個房間怎樣才能讓打電玩、做音樂、藝術、縫紉或是烹飪同時進行？主臥室裡要用什麼樣的顏色、質感、空間安排，才能誘發親密感以及共同感？當你在塑造一個人的家時，同時也是在架構他或她的人際關係，這看起來確實是很嚇人。

我認為最終極的目標，就是要創造那靜下來的一刻。設計師必須打斷那些干擾，激勵家庭成員去感覺：自己深植於那些構成回憶的時刻中。在我家的起居室裡，方法是把乒乓球桌搬到壁爐前。在另一個家庭中，我把平台鋼琴拉到房間中央。但是在其他的房間裡，互相連結的暗示則沒這麼明顯。這就是我們這一行的訣竅。把開闊通風的空間與陰暗的角落混合；讓人安心熟悉的輪廓，加上閃亮耀眼的新形態；把可碰觸的混搭超現實的。設計的本質就是建立關係。而這些種種相悖，因著更廣、更深、更強的人類的交流傾向而合理。

這個房間內，古董及現代家具細心地互相平衡。房間的重心是一張大桌，桌上擺放書籍以及鏡面地球儀。房間的角落是用來讓人在此進行私密的對話。刻意對稱排列的斜紋木地板，回收自法國里昂一棟十七世紀的城堡。

Framing 框景

薩爾瓦多·拉洛薩

SALVATORE LAROSA

「框」與生俱來的二元性一直讓我很著迷。框限制了觀者由外往內看,但同時也吸引觀者進入進入藝術家所孕育的精神空間中。

當我還是個年輕設計師的時候,每一次同我的導師喬瑟夫·德烏索(Joseph D'Urso)一起拍照,都如同一堂框景藝術的大師課程。他認為攝影不應該只是紀錄已經完成的作品外觀,而是「建構影像,以重現原本你想拍攝它的意圖。」喬讓我透過攝影鏡頭窺視,並研究用拍立得拍得測試照(那是在數位年代之前的必要工作),以衡量在一個特定範圍內的視野中,即便是最微小的物件安排更動。像是:「桌子挪過來一吋……花瓶裡的水少一點」等等,也足以揭示房間內物體之間強烈的關係。

我發現,眼睛是有感情的,但是手就需要一個穩定的參考框,才能強烈地傳達個人的感覺,並引起他者的回應。喬教導了我:「心靈的相框」可以遠遠超過言語的形象。好幾個世紀以前,像是維梅爾這樣的藝術家,也許也曾經透過攝影暗箱的鏡面縮圖,把這樣的課程教授給他的學徒。

任何框架的本質,就是藉由建立邊界以集中注意力,這也是指定經驗方式的基本方法。我們生長其中的身體框架,給我們一種本能去感覺身體的限制與動作,就如同達文西的維特魯威人一樣。我們與生俱來的視覺鏡頭在瀏覽世界時,異常地靈活。在沙灘上觀看日落,或是面對安德烈·勒諾特(André Le Nôtre)所設計的庭園中那非常藝術地框住的大道,這種時候我們可以感受到無限遠,即使並不是真的看得見。

根據我們天生的比例感以及我們希望呈現出的相對體型,決定了我們或是癱坐在低矮的舒適扶手椅上,或是堂堂地落座在高背的寶座上。正如同椅子框住了人體在休息時的姿勢與態度,門洞固定住移動的外觀的殘留影像,將之短暫地框在其中,給穿過房間、充滿情感的景象提供了前景,有時甚至遠不止這些。在一個大的空間量體中,心靈的眼睛超越床柱或是塊狀地毯的邊緣,上昇至概念上的牆,劃定出一個舒適的房間中的房間。一盞燈下的光圈、吞吐的爐火、蠟燭的光環,每每定義了無常的邊界與心情。中庭裡的屋簷線條分割了天空。

不論是在繪製一張沙發或咖啡桌的草圖,還是標示柱廊的高度,我都會有意識地定義一系列的框架,以引導觀者的視線走上一條充滿事件的路徑。我還是偏好在繪圖員用的描圖紙上,手工繪圖那種可觸摸的親密感。這種透明紙張讓我可以在固定的區域內替換各種元素,直到我找到安置它們的「熱點」。我最喜歡的例子之一,重點落在客戶的家族複合宅院中裡的大飯廳內,一個關鍵的角落。我設計的一張臥榻散發出休憩感,在窗格邊擺好姿勢,對著旁邊窗外山丘上巨大的山毛櫸樹。這個場景聯繫了宅院中每個建築、景觀座標的交會點,既理性又感性。這安靜而緊湊的一刻,讓人聯想到喬爾喬內(Giorgione)的《沉睡的維納斯》(Sleeping Venus)畫中躺臥的裸體及田園風光。

我經常在文藝復興初期畫家的敘事畫中,找到擴張建築觀點的靈感。古老的故事情節,像是天使報喜、耶穌降生等,在祭壇上的

這個門框一邊望著室內固定不變的幾何形,同時也在盤算著頭上那變動的日光的路徑。高而窄深的門框強化了牆的深度,並製造穿透其間的戲劇感。框後面空著的時候,激起一種彷彿無形人體正穿越而過的感覺。

多片畫框中奇蹟般地洋溢著生命。它和十九世紀的埃德沃德·邁布里奇（Eadweard Muybridge）的運動研究照片，或是現代圖畫小說有種奇異的相似處，靜態影像的畫框，強化了畫中內容的迅速動態。

我喜歡用在室內設計中的物件，往往具有微型建築的形狀，是神聖的也是世俗的帳幕，強化自然的構造，凝視我們在其中的位置。很多物件如同容器，本質上被周圍給框住。不論這些物件是罇、甕或是盃，不論它們是實際上的或是比喻上的，這些我們安放在家中的框架，容納了這個世界的實質，也承載了我們置於其上的意念。

有韻律的窗格，邀請視線在房間內以及房間外游移。這間屋子位於紐約長島，陳設的組合與水平的窗格相對，如同樂譜上的註記。扶手椅擬人地伸出雙臂，準備跳雙人舞。

Definitions 定義

瑪麗·道格拉斯·卓斯戴爾

MARY DOUGLAS DRYSDALE

「室內設計師」和「室內裝潢師」這兩個專業名稱常常習慣被混著用，令人困惑，所以大多數人不太理解怎樣區分這兩個緊密相關的領域。

室內設計師和室內裝潢師都處理室內空間的美學，雖然兩者的工作目的都是創造美，但其領域範圍有所不同，這是最主要的區分。

室內設計師經常會規劃、塑造空間，並且把這些空間加以裝飾。室內裝潢師則不會畫設新的建築平面，而是以其才華去創造精心計劃、佈置完整的房間。室內裝潢師在既有的建築脈絡下，考量空間的表面，以及選擇可移動的家具。

設計與裝潢的差別，在於操控與掌握室內空間之建築細部的能力。事實上，室內設計是建築的一環，雖然它演變為一個比較窄的範圍及興趣、專業，而不是像建築一樣包含廣大的領域。室內設計師一般來說專注於室內空間的規劃及細部，他們有構成空間的概念，也能繪製建築圖面，以供整體或是小項目的承包商按照圖面新建或是翻新空間。就設計圖面以及規格資料而言，室內設計師通常會和建築師提供一樣的服務及圖面資料，但也能提供如同裝潢師用的規格。

另一方面，裝潢師應該對於以下這些領域有高度的專業：家具的選擇與安排、表面處理、地面材料、窗戶處理，以及所有可動裝飾的選擇及擺放。當然裝潢師可以依照整體的裝飾風格，而改變室內空間的表面及飾邊，但是一般而言，裝潢師不會提供如同室內設計師等級的圖面資料。

另一個室內設計師和裝潢師的區別，在於規範。在很多地方，室內設計的施做是需要證照的，而裝潢師則不需要。室內設計師的「產品」是為住宅或是商業大樓創造內部環境，而這通常會碰觸到安全議題；因此會受到地方法規以及建築施做標準的規範。室內設計可能會需要建築許可，也可能必須通過市政相關單位的審查。裝潢則通常不需要許可，也不必審查。

在《大英百科全書》中對於「室內設計」的定義很棒，並指出它和裝潢的不同：「在所有的設計中，最重要的考量之一，就是該設計是否符合或適用於其目的。如果一個劇場設計的視線很差、音效不良、入場出場的動線不良，那顯然不符合其使用目的，即使裝潢再美也一樣。」

伊迪絲·華頓的經典之作《居家裝潢》一書，於一八九七年出版，迎來了室內裝潢及設計領域崛起的世紀。在這本書出版之前，室內裝潢領域多由畫家及家具匠人操作，但隨著美國人變得富裕，讓室內裝潢這個新興的專業快速成長。裝潢師追求的是品味與風格。而從廿世紀中期開始，因著多層樓的辦公室及公寓興起，加上在美國廚房和衛浴的重要性增加，使得室內設計師取得了一席之地。如今，室內設計已經是很專門的領域，商業空間及居家的室內設計重點也有相當大的不同。

室內設計包含了規劃、美學、裝潢，而在這廿一世紀的開頭，室內設計已不再是有錢人的專利，而是大部份人都覺得重要的領域。

這個比例莊嚴的鑲板餐室，但灰褐的統一色調讓這個房間的構造呈現威嚴的氣氛。地板的邊緣以希臘回紋圖樣環繞，以凸顯新古典主義式樣的感覺。

下頁左：在這間圖書室中，洋溢著沉思的氛圍。家具是皇室風格，包括一張黑漆貼金的桌子，以及上白漆的椅子。

右：這間天花板高挑的沙龍位於華盛頓特區。白天房間的統一色調是奶油黃。扶手椅的軟墊及抱枕用的布料，花樣是手繪的長春藤纏繞著花架。

Juxtaposition 對照

馬修·懷特與法蘭克·韋伯

MATTHEW WHITE *and* FRANK WEBB

「創造力就是能掌握互不相同的多個現實、
　　並從它們之間的對照中提取火花的奇妙能力。」

——馬克斯·恩斯特（Max Ernst）

對照（Juxtaposition）是個妙不可言、讓人舌頭打結的詞，在室內設計的領域中經常聽到，這也很合理。且不說它有智慧法門、每個設計師都想要成功地施展它，它還能讓你那原本「普通好」的設計，提升全讓人喜出望外的程度。

這個字有十三個字母，字很長概念卻很簡單，就是出於比較或對比的目的，將東西排列在一起。這聽起來好像更偏科學而不是藝術，但其實兩者兼有。仔細想想，設計師就有點像是弗蘭肯斯坦博士，試圖用無生命的物體創造出生命。設計師秉持的知識就是歷史風格、可用材料、良好的工藝，設計過程就是不斷地實驗。雖然有這些學識奠定重要的基礎，但還需要設計師的藝術視野所構成的閃電，才能讓產物活過來。還好，設計師的產物要比科學怪人有魅力的多，也很少把誰殺死。

說到閃電，成功的對照製造的正是來電。不論陳設物品之間是互補還是對比，它們的組合會產生明顯的電流，激起一種理想的感覺或氛圍。衍伸來說，如果對照的組合無法產生脈動，或是太過激情而導致休克，那麼房間就會死氣沉沉。

已故的設計師亞伯特·哈得利是對照的大師，他的室內設計被公認能讓所有置身其中的人，產生美妙的戰慄（因興奮而起的一陣顫抖）。這是能量的最高境界。

點燃火花也有一定程度的風險，在已知的偶然中注入一定程度的新鮮感，最好再吹上一口受歡迎的不完美之氣。即使是樣樣都量身訂製的設計，也能受惠於放肆亂來；最奢靡頹唐的也能受惠於一絲嚴謹肅然。對我們來說，冒險通常和加入一些些的幽默慧黠有關，其結果引人入勝。如果你夠尊重媒介又不把自己看得太嚴肅，就能自由地創造帶有風險的組合；有可能產生新天新地，以令人愉快的方式讓你大吃一驚。

利用對照可以製造和諧或是緊張感，甚至透過緊張感達成和諧。有個相當常見的例子就是把古董物件活潑地混入現代藝術及設計當中，不過這樣的混搭需要有相當伶俐的手才行。每個人都可以學習某個時期的裝潢風格，並試著再現一個歷史正確的房間，但這樣的結果可能不太激勵人心。要是把來自完全不同時間地點的物件，非常藝術地加以對照組合，就能把成果提升致另一個境界。線條、型體、材料或是顏色的相似性可以製造和諧感，而這些元素的變化則可以注入刺激的緊張感。偉大的設計師就像成功的導演一樣，知道要如何傾注、阻擋及平衡他的天份，使這個組合能呈現出一場令人讚嘆、光彩奪目的演出。

對照的核心是給與取。每個設計元素都對這個組合有一些貢獻，最終目的是整體要大於個別的總和。我們身為設計夥伴，每天都呼吸著、活在這種對照當中。兩個人、兩種觀點、兩個自我，在設計桌上融合；大多數的時候沒有人受傷。可能有人覺得一個古典主義者（懷

這間公寓位於一棟由知名建築師斯坦福·懷特（Stanford White）設計的大樓內。原本的壁爐保留了下來，作為新舊之間的銜接，是典型的對照範例。兩張路西安·羅林（Lucien Rollin）設計的椅子，面對一張以尚·米歇爾·法蘭克的設計為範本的訂製沙發。現代化的吊燈是威尼斯玻璃藝術家馬西莫·米凱路奇（Massimo Micheluzzi）製作的。

特）和一個現代主義者（韋伯）應該會永遠意
見相左，但一切都不會遠離真實。我們各有各
的偏好，但我們珍惜彼此的不同，也常常為兩
人的相似處感到驚奇。最重要的是，就像所有
的夥伴關係，我們清楚認知對方身上有些東西
能讓我們變得更好。說到底，成功的對照不就
是這樣嗎？

Intimacy 親密

鮑比 · 麥奧品

BOBBY McALPINE

把親密帶進我設計的住宅中，是我經常做的事。因為，老實說，大多數人都會忘記要求這一項。每當我和客戶會談時，他們會講到用來和親戚朋友聚會的房間，卻很少人會提到用來獨處或是只與另一個人共處的空間。

這個最容易被忘記，卻也是最終你會最愛的地方，是一個如同袋鼠的育兒袋一樣，穩穩地托住你，讓你可以放下偽裝、探索真實自我的地方。這種脆弱的姿態讓你能夠連結所有那些你內在外在的特色，讓你釋放這些個性，為自己發聲。不論是誰走進這個空間都會感受到同樣的請求，懇求他們踏進其中或向外探索，在其間舞動。當心靈擴張時，就比較容易辨識出他人心中同樣的徵兆。一般來說，建起房子的是「自我」，但是最想被安置的卻是「心靈」。

親密始於我們坐在父母親膝頭上時，感覺自己被穩穩地托住，但同時又被賦予向外冒險的勇氣，因為知道自己被所愛的人支持著。在建築上，像壁龕、窗台、壁爐邊，以及夾層或是樑下閣樓這樣的地方，也會給人類似的感覺。這些提供庇蔭的角落就與其他寬闊的地方並存，在不知不覺中把我們吸引過去。在大教堂的內部，在側邊的小禮拜室及邊廊中，人們比較能讓自己處於無防備的狀態。害羞的人獨自站在大殿中央可能就會蒸發了，但是在大殿邊緣的陰影中又可以活過來。你可能不自覺、但常常感覺到的另一個例子是餐廳裡的卡座，它要比位於中央的桌子要來的親密多了。當我們沉浸在卡座中，就被安全感融化，對話也會因此不同。

在屋子裡，這種親密感體現在有頂篷的床鋪以及鬆軟的床具中，它們會強烈地邀請你轉向內在、像動物一樣安全地窩在巢穴中。

這棟屋子位於納許維爾。石灰石柱的拱形涼廊，通往古色古香的前門。拱形的壁龕鑿進不規則的石砌牆內，提供休憩的角落，可以一覽游泳池及繁茂花園的景色。

下頁：這處角落窗邊的休憩區，位於納許維爾的住宅臥室中。而床則是擺放在墊高的古老木地板上。透過改變地板材料這種簡單變化，將兩個區域分開。房間內擺放著古董物件、現代化的照明設備，以及一張由一對古董椅改成的臥榻。

壓縮的空間會製造一種舒適、不被侵害的感覺。

由質感、色調、燈光以及物體表面的反光性質所傳遞出的微妙訊息，也有同樣的效果。質感可以是充滿情緒的。相較於反射較多光線的堅硬表面，布料及軟質木頭則會接納你、把你吸進去；它們也會吸收聲音，讓你安靜下來。

空間中的光線的層次及質感，也會對空間中發生的事有強烈的影響。古老的玻璃會讓光線融融如水，很適合沉思。威尼斯式的窗板和百葉窗投下的幾何陰影，會造成一種黑色電影的氣氛，在這樣的空間裡可以進行保密的對話。範圍有限的燭光或是光源較低的照明，像是壁爐、檯燈、燭台、高度較低的吊燈，會讓空間的尺度降低，校正較冷的空間量體。這樣的光線也會讓質感、顏色、焦點更溫暖、更豐富，創造一種安全感並因而改變、塑造人的對話。當上述這些元素被放進較大的空間中，就會創造出一個親密感的島嶼。

用護牆板、長椅、或甚至飛翼扶手椅等元素，將房間的重心降到三分之一的高度以下，更能強化這種安全感。在一個非常大型的交誼廳中，每樣東西都彷彿漂浮著，也沒有可以倚靠的牆壁，此時你最重要的關係就來自於地板，它變成你最親近的同伴，而地毯就是我們緊攀著的木筏。

不論是哪一間房間，只要是陳列著我們最私密的所有物，其他人都是被召來觀賞或是傾聽。那種順從的姿態如同邀請，溫柔地暴露出那些屬於我們的故事片段。於是在這樣的空間安全感中，我們情感的牆開始瓦解。這就是創造安全感的弔詭：當牆壁靠近圍繞著我們，我們內在的牆就滑開了。建築取代了心理的工作，變成我們的盔甲，用微妙但重要的方式，擴張心的領域。

Planes 平面

丹尼爾·薩克斯與凱文·林多爾斯

DANIEL SACHS *and* KEVIN LINDORES

平面，包括了牆壁、地面及地板，是建築的基石。這些平面把身為人類的我們與最基本的遮蔽處或是居所，連結起來。牆壁包圍、保護我們，並且引導我們往哪走、做什麼事。屋頂隔絕外界，也意味著文明，文明就是由一個封閉的世界內自身的元素所構成的避難所。

現代主義傾向用平面去創造「路徑」，多過於創造一個「場所」，而把牆壁解構了。科比意、密斯·凡·德羅、萊特這些現代主義大師企圖讓牆消失；例如萊特，他把室內與室外的界線拿掉了。當構成傳統上的安全感的元素消融了，要如何創造場域感呢？傳統和現代的界限並不是非常分明，但基本上可以說，在現代主義的室內設計中，安全感的訊息比較多是藉由門窗傳遞，而非平面。

在我們對客戶的設計案中，首先我們會試著創造出場域感；大部分良好的室內設計，是透過準確地安排牆與牆之間的關係，以及其之間天花板及地板。廿一世紀的設計師可以有很多選擇，從十七世紀的室內空間語彙如房間、走廊，到現代主義早期的路徑、通透感。

在一棟一八三〇年的紐約街屋中，我們就採用了現代主義的方法，藉由將雕刻的踢腳板以及天花板飾邊漆成單一的淺色，把牆壁解構了。建築細部的質感保存了下來，但牆壁變成恰如其分的空白背景，展示客戶重要的現代家具及藝術藏品。

如果一個案子是從零開始建構，當然可以用建築來決定空間的感覺；但是當設計的對象是既存的建築時，就必須使用各種印象媒介，例如壁紙、顏色等。在另一個紐約的設計案中，我們不得不對付一個光線昏暗而狹窄的入口，我們只能稍微把它打開一點。我們決定讓它保持幽暗，好讓開口後面銜接的空間顯得更敞亮。我們把入口處的天花板覆蓋上富麗鑲金的壁紙，讓它看起來不那麼侷限，並掛上藝術品──圖像也是擴張窄迫牆壁的重要方法。平面作為空間的媒介，不只是平面之間的關係，平面的表面也包含在內。

從零開始設計一棟住宅時，平面之間的關係以及量體的塑造，可以比較自由地依循個人的美學，但當然也會隨客戶的需要而定。關於這一點有一個有趣的案例：我們設計的一間工作室，業主是一位舉家搬遷至康乃狄克州的紐約藝術家。這位藝術家要求我們按照原本的比例，將他在紐約的工作室（他在這處位於十九世紀建築物內、原本是健身房的空間裡，心滿意足地工作了卅年）原樣重建於新的位址上。

在新的基地上，依照原尺寸的工作室變成一棟一層樓房的一部份，這棟樓房是全新建造的，也不是城市街廓的一部份。建材也不是原本的十九世紀石材及工法，而是預鑄的建築材料以及讓這棟建築物聳立於森林地面之上的技術。房子蓋得很簡單、設計很美麗，但最重要的是，新房子是客戶對於構成之前工作室的向度（平面）的回憶與感情。

平面的起源以及目的是為了創造場域感，傳達居住與保護的感覺。不論是處理既存的建築或是創造一棟新的建築物，設計師的任務就是喚起人們的這種願望，不論作品是宏偉或私密，是廟宇或是農舍。

訂做的白橡木鋼腳餐桌，安置在野口（Noguchi）設計的天花板燈之下。這間閣樓位於曼哈頓，業主是攝影師伊內茲·凡·朗斯韋德與維諾德·馬塔定（Inez van Lamsweerde and Vinoodh Matadin）。這對夫妻的藝術收藏包括安迪·沃荷及易斯·布爾喬亞（Louise Bourgeois）的作品。

Destinations 目的地

耶倫·坦各斯禮

ALAN TANKSLEY

「每段旅程都有祕密的目的地,是旅者自己都不知道的。」

——馬丁·布博爾(martin buber)

在我看來,室內設計師所扮演的角色,不只是從混亂中創造秩序,而且要特別努力在路途上提供微妙、有時甚至是祕密的目的地。

我認為所有的設計案都應該從建立空間的層次開始,一般來說是基於每個空間的功能;從一開始接近的路徑、入口、共享的共同空間,到最隱祕私人的領域,都不例外。當然,這也可以透過一種如醫學般嚴謹的態度來實現,例如路易斯·蘇利文(Louis Sullivan)的名言:「形式依隨功能」所主張的。

但也可以選擇另一種做法,在不犧牲效率與功能的同時,在路徑上創造有趣且有用的分岔,或是令人愉悅的消遣。舉例來說,在走廊邊創造一個短暫停留的空間,利用嵌入壁龕內的桌面,加上有趣悅目的陳設和實用的物件,就能幾乎不增加什麼花費,就為從A點到B點的過程增加不可限量的樂趣。

為了進一步說明這一觀點微妙的重要性,可以想像一下我們都有過的經驗:當我們初次造訪一棟房子或是一間公寓,並在其中走動的情景。最棒的經驗會是從街道上、人行道上或是停車場上,在直覺的引導下來到一個歡迎你的入口前,然後最好是穿過一座花園、前庭,或是私有的公共大廳。沿著這段路徑,你可能會碰上一個短暫停留的地方,雖然我們很少真的停下來,但這想法讓人浮想聯翩。這樣的片刻可能會讓人想起平和、安穩或是安

這座住宅位於科羅拉多州的韋爾市。獨立的石質壁爐同時對起居室及餐室開放,構成強大的視覺核心,統一了公共空間。在火爐邊舒適圍坐的誘惑,邀請家庭成員及客人都在此休憩放鬆。

這棟位於科羅拉多州維爾的住宅內，主臥的門廊裡擺放一張臥榻，是蜷縮著度過一個壞天氣下午的理想之處。

右頁：這棟位於科羅拉多州斯諾馬斯的住宅，刻意地設計了非傳統的動線，讓穿梭房間之間的過程充滿期待與發現的感覺。這個戶外休憩區可以眺望無與倫比的山景。

全的回憶——對原本可能會很無聊的過度空間來說，這一點兒也不壞。當我們辨識出一個原本很普通的動線，因著技巧性的規劃而被轉換成一個特別的經驗，就會感覺好像有什麼特別的東西等著我們，幾乎成了一場歷險。如果一切順利，這種提供了細緻又親切的接近體驗的努力，也將在整個屋子裡的其他地方出現。

最近我有機會在懷俄明州的傑克森霍爾，替一棟房子做設計。結果，這是截至目前為止我已經完成的設計中，最獨特和最具活力的住宅之一。這座住宅四周的環境壯觀，業主的需求及心願清單雖然很有挑戰性，但非

遙不可及。業主過去曾經新建及改建過幾次住宅，在我們的合作過程中很投入又很果斷。最重要的是，他們對於設計的過程已經有經驗，也很能理解設計、建造一棟精雕細琢的屋子及附加的設施，當中的複雜性。

我們的對話中，最重要的主宰就是創造目的地（隱約的及明顯的）的重要性。這些目的地會隨著時間過去，向來去家中的人們展露自己。用來讓人聚集的公共場域，與隱藏的、用來作為較小型聚會用的私密空間，兩者互相平衡。走廊、門廊、地面高低變化標示出穿越整棟房子的動線，悄悄地劃定出公共與私人的區域。從室內要進入戶外毫不費力，有機的通道通往露台、花園，以及其後方令人驚歎的景色。

除了磚石造的，還有很多其他不那麼實質的目的地，是在設計一棟房子或是一個房間、甚至是一組桌上擺設的時候，可以努力去創造的。這些目的地是出於實用性，例如，對那些需要穩當的目的地才能放鬆的人來說，起坐間至少要有一張堅固的扶手椅才行。另一個則是不論何時何地，都要考慮恰當光線的重要性，不論是用來閱讀、在電腦上工作，或是一般的環境下。雖然大多數的人不會注意到，但是當恰當的光線與經過仔細考慮的選項一起呈現時，人們就一定會把自己放進當下最適合他們需求的地方。

最後，就像Vougue雜誌的傳奇編輯、本身也是時尚指標的戴安娜·費蘭說過的：「眼睛需要旅行」。努力用心思創造令人印象深刻、對功能考慮細緻周到的環境，或是僅僅為了眼目之娛而創造超乎預期的視覺目的地——對於每一位這樣的設計師來說，費蘭的建議歷久彌新。

Geometry 幾何

艾瑞克·科勒

ERIC COHLER

雖然數學一直讓我很頭痛,但我很喜歡幾何。

小時候我會用各種形狀的積木和樂高搭建城市,有球形、圓形、方形、圓錐形、矩形還有三角形。後來我父母親給我一面神奇畫板(Etch A Sketch),讓我迷上用簡單的線條創作。當我發現可以簡單地把形狀轉換到紙上,就再也回不去了,一把尺、一個圓規,還有青少年時拿到的一組老舊的製圖用具,就開始了我對線條的癡迷;那些塗鴉最後變成樓層平面和立面,引我走上設計之路。直到今天,我還可以回憶起幾乎每一個我到過的空間,並輕易地用筆加以重現。

為了追求簡單的而進行的幾何知識研究,大約始於西元前二千五百年的古埃及,吉薩的金字塔就是一個黃金比例的完美的例子。黃金比例是瞭解幾何中比例本質的數字。沒有正確的比例和平衡,室內設計經常會流於平板,缺少聚合的動能。少了這些基石,我個人是無法創造出「魔法」的。

兩千年之後,被稱為幾何之父的歐基理德,證明線條沒有寬度,是兩點之間最短的距離、純粹單一維度。時間快轉到幾個世紀之後,羅馬建築師維特魯威(Vitruvius)寫下《建築十書》(De Architectura),書中內容包括規劃、設計以及施工方法。這套書就他的時代來說不可思議地現代,而且還首次包含了對丈量工具的描述,這些工具的化身如今都還在使用中。在我的室內設計中,每天都要用到測量。例如,沙發與雞尾酒桌的距離,就必須仔細測量,確保每一種飲料都伸手可及。

然後,威尼斯建築師安卓·帕拉底歐被認為是西方建築上最有影響力的人之一。他的論文集《建築四書》(I Quattro Libri dell'Architettura)也是部分架構於維特魯威所立下的堅實基礎上。帕拉底歐也擅長完美的立方體,這種形狀有柏拉圖式的美德。因著二十世紀初各種帝國建築式樣及優點被迅速地採用,於是從威尼托區到聖彼得堡、雪梨、孟買、哈拉雷,都看得到帕拉底奧式的窗戶、拱形以及建築細部。

你在想這些和室內設計有多少關係嗎?答案是:全部。全世界上下幾千年,所有了不起的建造者、建築師、設計師,沒有幾何都無法營造出結構。少了基本的幾何,實與虛之間的張力就會扁塌,也就不會有樓層平面、剖面,也不會有任何一種結構細節。

我做設計的時候,會用各種有趣、不同的方式,讓幾何形狀互相平衡、彼此抵消。我把這些歸因於單純的張力強度。若缺乏一定程度的穩定性,物體就會分崩離析,實際上如此,視覺上也是如此。設計師不論是創造平面、剖面或懸掛藝術品時,幾何關係都是生活中不可分割的一部份。捲尺、水平儀、掛鉤與錘子之外,必不可少的還有對於物件之間的關係、對整體平衡的強烈感覺。

在擺放家具家飾時,幾何也發揮作用,若是缺少恰當的空間技巧,一切都會無所適從。考慮形狀之間的鄰接需要幾何,像是桌子與椅子應該靠多近、要有多高等等。此外,在規劃照明時,幾何的重要性更明顯:光在空間中如何照亮或投下陰影,又是如何讓布料、石頭或是其他材料顯得不同。

幾何詮釋、強化了我們世界的三維性質。

在這間牆面很少的房間裡,一組大膽的藝術品以飛機材料等級的鋼索懸掛,陳列如同藝廊。到處都可以看到幾何圖樣,例如俱樂部椅的絨毛面料,還有紫色沙發上的抱枕。克里斯多弗·斯畢茲米勒(Christopher Spitzmiller)設計的綠松色葫蘆狀檯燈、亮紅色漆面咖啡桌以及珊瑚圖樣的地毯,為空間增添了奇幻與魅力。

少了它，世界就是個扁平的地方。幾何引領我們走向形狀與形體的美，不只讓小孩可以創造出「城市」，也讓熟諳幾何的設計師可以創造出帶有雕塑感的複雜室內設計。

這個高聳、神廟似的浴室，環狀的瓷磚、圓形的淋浴區，是出於對完美比例的研究。塔型挑高上的高窗，讓整個空間沐浴在充足的光線中。麻布浴廉讓整個場景變得柔和，浴簾的鼠灰色塊回應瓷磚的條紋。

STYLE

風格

Style 風格

蘇珊‧卡斯勒

SUZANNE KASLER

對我來說，一切都關乎風格。風格引人入勝。當我看到時我認得出來，但是很難描述。因為風格可以是各種形式，橫跨所有範疇，包括藝術、建築、時尚及設計。風格不是一種樣子，也不是某種東西，它比潮流更廣。風格是一種態度，任何人都可以發展。

看看你四周。我們旅行時很自然地就會做這件事。巴黎對我來說是風格的震央，在這裡我可以走進一間賣緞帶的商店，找到一整個全新的配色。就連人行道旁邊的一堆行李，也如同一件藝術品。旅行中我們準備好要沉浸在外國的景物中，祕訣就是隨時保持眼睛雪亮。

在我家的臥室中（我最喜歡在這裡工作），陽光灑進來溫暖了乳白色的牆面及淺藍色的絲綢窗簾。窗簾藍灰色調是配合床頭那張我在亞維儂的跳蚤市場找到的喬治‧巴洛克（Georges Braque）古董海報。週日的下午，我會讓自己沉浸在時尚、潮流以及室內設計的雜誌中。我會撕下一些頁面，你一定不敢相信哪些畫面會抓住我的注意力：不是Vouge雜誌中模特兒身上的新裝，而是背景中那個法式門扇上美麗的金屬配件。那才是我想記住的細節。我總是要求客戶帶照片來，要決定客戶喜歡什麼並發展出適合他們的設計風格，這是很重要的一個步驟。

風格是很個人的。在所有你遇到的那些獨特的人、場所、事物之中，你要選出最適合你的。我們經常都在做這件事，不論是在買衣服還是在裝潢一個家。當你找到你的風格並接納它，你會覺得更舒適，因為那對你來說是真實的。風格就是表現你自己。

可可‧香奈爾曾說過：「時尚會褪色，但風格會持久。」說到我自己的衣著，我比較喜歡經典的款式；但是我會搭配飾品，像是色彩亮麗的皮包、異想天開的首飾等，讓衣著顯得新鮮、時尚。我喜歡把傳統和現代混搭。

我在做室內設計時也一樣。有的客戶找上我，是因為他們想讓傳統的房子換上比較年輕的外貌。有時我會透過編排、捨棄屋內物品，只留下最強而有力的物件，達成這一目標。或者我也會改變色調，策略性地添加一抹明亮的顏色。我可能會在餐室裡或是洗手間裡，用青綠色或粉紅色或薰衣草色，好讓你經過時會看見；然後起居室裡則是用香檳色調，也許加上幾個青綠色的抱枕，好讓它感覺上色彩豐富，但實際上又不會讓人眼花撩亂。在一棟房子內部你可以用上好幾種顏色，前提是它們都符合同樣的原則。但是你也不會想要讓顏色過了頭，事實上什麼都別過了頭，因為要是過頭了就不覺得特別了。設計就是一種平衡的藝術。

在布料上我也會力求平衡。在一間房間裡，我可能會同時用粗麻布、細麻布和絲綢。組構一個房間，和你穿搭時尚造型的過程很類似。你可能會把盛裝的元素和休閒的元素混搭，例如絲質襯衫搭那件你最愛的牛仔褲。這種輕描淡寫的樣子能創造一種風格的感覺，既休閒又優雅，是乖與壞的完美平衡。

在與客戶合作的過程中，我很喜歡的事就是幫助他們定義自己的風格，然後把這種風格轉換成三維的版本。當你的家表現出你的風格時，會讓你覺得更舒適。當你挑選那些對你有意義的物件時，不論是身上穿的、屋裡

一張豪華的無扶手深沙發、兩張壓克力桌、一對Fortuny品牌的抱枕，在這間位於亞特蘭大的起居室裡，創造出宜人而放鬆的場所。牆上緊密排列的十六個框內，是克里斯‧魯爾（Kris Ruhs）的版畫，看似一幅大型的作品。土耳其的烏沙克（Oushak）地毯讓這空間變得沉穩。

擺的，你會感到生活更有自信、更快樂。定義
自己的風格之後，你會感覺像是找到了完整的
自己。

　　找到個人獨特的外觀，包括設計的、時尚
的，會讓生活變得特別。對自己真實，就是恆
久的風格。

光亮的青綠色牆面創造了戲劇感，挑
起注意力，邀請人在這個奢華的餐室
中加入對話。天花板飾邊和踢腳板也
上了亮漆，完成了整個建築輪廓。一
座路易十五時代的石灰石壁爐，還有
一幅法蘭茲·克林奈（Franz Kline）的
墨水畫，讓整個房間臻於完美。

Vintage Modern 現代復古

湯瑪斯·歐布萊恩
THOMAS O'BRIEN

我經常被問到，復古到底是什麼意思？現代復古又是什麼？是指物件相對來說的時代，或是比較是對一種風格的描述？它是一種與「起源」相對的氛圍嗎？

在設計上來說，「古董」、「復古」、「現代」，甚至「當代」是有特定的區別的。在定義名詞的時候，一般來說「古董」是指至少有一百年歷史的物件。照這個標準，「復古」（或老件）就是雖然老但是不及古董歷史悠久的物件。但在我認為，復古比較是一種概念：復古也是經典的同義詞，是從過去而來、經得起時間考驗，讓我們想帶入現代的。復古代表在我們的收藏品、生活周遭物品之上，添加歷史的價值，讓這個世界不至於無視過往的人與事。它是完美的設計生態的一部份，將舊的回收變成新的。在某些方面來說，復古是對過去某一特定時期的戀戀回顧，當時的生活看似比較有益健康或光彩奪目，或兩者皆是。

而現代感的本質是一種心態，設計及歷史讓我著迷的地方，就是每個時期都會認為當時是現代的。古代的或是喬治時代的東西，可以歷經一代代看起來、感覺起來都還是很現代，是因為它的外形高尚，並且在材料上、使用的方式上，有其創新之處。但說到底，現代感就是有創意的人篩選過濾他們熱愛的舊點子，用不同的方式混合這些點子、加入新技術並加以改進，永遠走在設計的前端。

現代復古的物件，特別展現出那些在較晚的時代中才被實現、成為設計基因之一的那些概念。因為這樣，一九二○年代的東西，才會和十八世紀法國的東西有共鳴，而這個

十八世紀的法國物件又是向希臘或是埃及的古董取經的。為當代做設計，在選擇一間房間或是一件家具的材料、顏色、比例時，把玩這種傳承是多麼地有意思啊。同樣的形式被一再又一再地重新創作，正是因為這些形式是最適合的。

歷史以這樣的方式為新的東西增加深度與基礎，讓我覺得非常感興趣。那是一種集體記憶，讓即使最別緻的室內設計也使人感覺熟悉、可親。就是因為這樣，我們每個人，靠著直覺，生來都是收藏家無誤。我在我的設計中試著把這種延續性加進來，把復古（年份上的以及概念上的）添加到當代製造的新東西上。我和我的每個客戶都會通過一道橋，因為每個人都需要自己獨特的連結，串起過去與現在。

在我設計的一間曼哈頓的閣樓住宅中，用區區五種基本的材料組成一組色調，以不同的組合出現在各個房間內，這個案子就是現代感復古的完美案例。光面亞麻、鮫皮紋路地磚、鍍鎳、石膏、胡桃木，這些都是一九二○年代法國與義大利奢華的傳統材料。在我設計的這間住宅，目的是用這五種特殊處理的單純及溫暖材質，讓現代主義的空間變得感性、復古，就某方面來說很歐洲，而不是簡樸的。

很多有點年代的閣樓，都還保有古典的建築細部，讓人覺得出奇地浪漫又華麗。在另一個案子裡，我的目標是把這種歷史，帶進一個嶄新、赤裸的雙拼閣樓房，並顯出一種一八二○年代小鎮房屋的那種傳統、謹慎。細

這套位於中央公園西側的房子，是時尚指標人物喬治·亞曼尼（Giorgio Armani）的別居，起居室一邊有簡約的壁爐（屋內還有很多其他的壁爐），暗示這是個休閒宜人、適合娛樂的空間。牆上羊皮紙色的亞麻布，以及富有歷史痕跡的皮革與深色木頭製成的座椅，更加深了這種放鬆的氣氛。

木工精心鑲板的門構成長而安詳的入口，而一道極簡單的樓梯則把空間拉回現代。一些悉心蒐羅的十九世紀古董增添了額外的平衡感，讓這些舊物件陳列在新的光線下，但是新又和舊又有關聯。

設計的神奇之處，就在於可以創造在未來會變成復古的東西。這有別於再造或是想像歷史。

在這個現代的蘇活區閣樓，優雅的樓梯和有美麗雕飾的瑞典躺椅相搭配。躺椅上鋪著鼠尾草色的絲絨墊子，以及虎紋絲絨枕。這個空間的細部、尺度、形式，有著歐洲式的感性，一如客戶所要求的。

Modernity 現代性

亞倫·文曾博格

ALAN WANZENBERG

現代性不只是一種態度。它是一種看世界的方式,將眾多的元素以一種精粹的方式整合,賦予樂趣與意義。現代性必須將所有可及的都加以編排,然後將一切的選擇精簡到最需要的。現代性不是新奇或是潮流。現代性可以是當代的,但那不是它的重點;重點是決定我們怎麼生活、與什麼一起生活。現代性是此時此刻。要抓住現代性,必須活在當下。

我計劃未來、反思過去——我們都是這樣。但我不會讓這些活動淹沒我此刻的生活。某些對未來的計劃是必要的,但是,正如經驗所顯示的,大多時候計劃未來都是在浪費時間。生活變化無常。既知如此,我認為你應該努力過好每一天,並保有期望,擁抱將要面臨的一切。在你的能力所及培養自信、實力與應變技能,這就是最好的處理方式了。

現代性及其在物質世界中的展現(亦即被認為是「現代」的),很容易被誤解。現代性不是極簡主義,也不是一切都是白色的、簡化的。當事情變成那樣時(而且往往如此),現代性就流於一種風格,或者更糟,變成一種派別。這樣一來,它就有可能變成排外的暴君,無視於設計中所有強而有力、迷人的力量,想想看,就是這種力量讓現代之所以是現代。設計中真正的現代性,可以參考過去、暗示未來,但永遠會展現出在此時、此地被完全瞭解的自信與決心。

在我整個職業生涯中,一直對於人生活的方式感到著迷。他們的家、他們周遭的物件,反映了在我們各自的私人世界中,各式各樣不同的經歷。參與創造這些小宇宙的過程,是我一輩子的熱情所在。思考著家庭成員在每日生活中如何自然互動,我企圖去瞭解熟悉的與陌生的、私人的與公共的。人們想要怎麼生活是我考慮的重點,他們想要被什麼東西環繞,這些東西以一種微妙的方式整合,達到了結合功能與美學樂趣的甜蜜點,讓人感到煥然一新——這就是現代性的精髓。

在當代設計中經常被忽略的「規劃」,是現代性當中最基本的原則之一。一個建築師或設計師如何規劃一個家,以及最終這個計劃如何被建造,對於之後居住其間的人如何使用它,有雖不起眼但很重要的影響。被視為經典的玻璃屋,如今全世界都看得到,但在大多數的情況下都無法住人。對於開放與相對的封閉,在設計上有其平衡,目的是創造與生活意圖和諧之物。會造成衝突的不良規劃與現代性不相容;在規劃與創造細部時,應避免任何會危害到現代生活方式的問題,這是十分重要的。

一個成功的設計師在創造空間元素和細節時,會以一種現代、當代但並非簡化的方式,賦予它一種歷史中的自信感。這樣的設計師,其設計是為了萃取出最精華的結果。在很多例子中,看似獨一無二的元素被解構,成為複雜而現代的整體,與現代生活的極致並駕齊驅。這就是現代性。

在這間位於紐約上東區的公寓中,架子與壁爐的設計和做工,是為了仿效喬治·華盛頓·馬歇爾(George Washington Maher)的壁爐陳設,該壁爐現捐贈給芝加哥藝術學院。紅色的瓷磚傳達一種現代性,壁爐架上的火山釉花瓶是馬切羅·方托尼(Marcello Fantoni)的作品,咖啡桌上的雕塑是克勞斯·伊藍菲德(Klaus Ihlenfeld)的作品。

Tradition 傳統

亞歷克斯·漢普頓
ALEXA HAMPTON

　　我一輩子都在學設計，我熱愛設計的傳統。我喜愛已經樹立的典範，從古希臘的樣式貫穿直到現代的傳統。不論我否喜愛亞當兄弟式房間的扇骨狀裝飾，或是萊特設計的建築中那種簡約的外形；傳統就像是我們的父母一樣。我們向他們學習，拋棄某些他們的教導，或者也可以反叛他們。然而，我們在設計中所做的每件事，就如同其他的事一樣，可以看出我們與傳統的關係。傳統在我們之前，我們向傳統學習。我作為一個第二代的設計師，這個比喻對我來說更深刻，而且常常就是字面上的意思。

　　設計上，傳統可以代表很多事物，包括可見的和不可見的。就最明顯的意義來說，在室內設計中，傳統就是錨；它不會讓一個房間感覺被拖累或是有拘束感（至少我希望如此），而是讓一個空間與它的脈絡連接、找到其定位。它可以讓一個房間不至於天馬行空，也能幫助創造對業主來說真實且個人化的空間經驗。

　　往往，傳統展現在建築中，這對於室內設計來說是很有力的助益。當我替喬治時期的房子做設計時，會把這個事實當做跳板，設想在這樣的背景下會有什麼樣的房間，然後將這些想法加以現代化。紐約的公寓漂浮在方格的街廓中，與其外觀甚少或幾乎沒有關聯，在這樣的狀況下，傳統就常常被引入以創造意義，在無秩序之處施以秩序。傳統是一個起始點，是對於無盡的可能選項的解答。在某些地方，傳統以色調的形式浮現：亞洲寺廟漆上的各種紅色，反映了當地原生樹種樹葉的顏色；在加勒比海地區一再出現的粉彩，讓無情的陽光變得柔和；較冷調的色彩訴說著水

的景象與北地的光影，這在斯堪地那維亞的藍色與藍紫色裡得到印證。反過來說，在威尼斯的宮殿或是巴黎的公寓裡，因著擁抱視覺傳統的建築如此之多，因而誕生了與之相反的室內裝修——輪廓簡潔的「國際式樣」。事實上，要是沒有高第，也不會有巴塞隆納躺椅了。

　　在設計上，傳統元素承載了隨時間累積的眾多意義。例如讓人一望即知的那些新古典主義特徵，總是訴說著權力以及意圖掌握權力的人。希臘、羅馬、拿破崙、聯邦、法西斯，他們共通的視覺語彙並非偶然，而是為了傳達力量與掌控而生。凱撒時代的動態裝飾、墨索里尼時代建立碩大無朋的紀念碑以達成邪惡的視覺統治、美國中西部聯邦銀行的裝飾暗示著堅固與安全——這些傳統的暗示可以作為視覺比喻，替空間注入思想、感情或是希望，只要匆匆一瞥就能瞭解其含義。

　　齊本德爾（Chippendale）設計的雄壯外形以及攝政時期的家具，對我來說總是意味著陽剛，就如同畢德麥雅時期（Biedermeier）大多數的東西都有一種不屈不撓的簡樸一樣。同樣的，隨便舉兩個例子：路易十五時期的物件或是維多利亞時期的家具，那種異想天開的曲線則展現陰柔。傳統的裝飾中富有意義，就算只有少數被傳達，也超過任何一個物件能展現的目的。這些無聲的訊息，就如同顏料罐或是布料樣本一樣，是設計師工具箱的一部份。它們是設計師溝通的主要方式。把洛可可風的椅子放在房裡，光是這樣，就已經踏上打造奢華頹廢感的捷徑，還能做為空間中的一個雕塑元素，並且擔負它著主要的實用功能：讓人可以坐下。

布魯圖斯（Brutus）的胸像購自一位倫敦的交易商。這位羅馬執政官在威廉·肯特設計的桌上主持法庭，這張桌子的主人是馬克。漢普頓，也就是設計師的父親。桌子邊緣的雕飾，與牆上照片裡善美札諾堡（Castello di Sammezzano）的窗戶雕飾相呼應。照片出自馬西莫·里斯特里（Massimo Listri）。

　　美國設計一向很吸引我，尤其我身為美國人。在追求風格時，美國設計很容易就展現出其民主開放，可以在眾多可及的傳統中自由揀選，無論其是否在基因上與我們相連。這種十足的折衷主義，表現出我們的大鎔爐天性。美國的其他事物也是如此，從宗教到美食都不例外。我不認為這代表我們是沒有歷史的野蠻人；相反的，我喜歡把這種方式想成是確認我們是永遠的先驅者、混搭的大師，與建築及室內設計無拘無束的連結，以及我們如何選擇透過這些領域來闡述自己。美國設計有時成功、有時失敗，但它不斷地移動、變形、發展。如今，最好的傳統設計會有種輕快的筆觸；對某個裝飾時期的盲從好像僅見於博物館的裝修中。對我來說，使用傳統元素幫助我更能訴說客戶是誰、他或她的興趣為何，以及他或她想要如何生活。「把傳統扭一下」這一個新的說法最近常聽到，而美國的傳統設計一直就不是死板的，而是有創意的。

　　納入傳統的設計是動態的、不斷變動的，不應被誤為冥頑不靈。這樣的設計蘊含著意義，那就是其價值所在。那是一種達到目的的方式，但絕不是終點。

在這間位於紐約的客廳中，展現出對稱與秩序。壁爐兩側的書櫃隱藏著驚喜：左邊那架實際上是一扇隱藏的門，通往餐室。壁爐上方掛著的馬可·達列斯歐（Marc Dalessio）拍攝的科西尼宮（Palazzo Corsini）。一對少見的法式扶手椅包覆著帆布面料，提供一種俏皮的對照。

Glamour 風華

凱莉·韋爾史戴勒
KELLY WEARSTLER

風華是關於情感的。風華是個人的。風華本身並不屬於某種風格或是過去的某個時期，而是因其予人的感覺而定。

我的哲學與美學深植於相信直覺以及擁抱不尋常。要說有什麼東西在我的職業生涯中是不曾失去過的，那就是我對新事物永不饜足的飢渴。我身為一個藝術家的個性，等於我與新事物之間永恆的羅曼史。旅行、歷史、我兒子的創作……這個世界不斷湧現新鮮而刺激的靈感，讓我的品味不斷更新。在我剛開始從事這一行的時候，我堅持要獲得廣泛的技能。在我的第一間公寓裡，我自己動手安裝硬木地板。我覺得，對所有的藝術家來說，保持好奇是最最迫切的；有去探索的欲望就是一切。風華，對我來說，也是關乎學習。

要定義設計中的風華，有一些舊的原則及要領：吊燈、寬樓梯、顏色用得很藝術、放個從地板到天花板的任何東西。還有照明的重要性是怎麼強調也不為過，照明就是風華的精髓。只要有對的光澤，一座衣櫥也可以充滿風華。

家中的風華需要對細節精心地講究，才能設計一個浮華或是設備齊全的廚房。神祕感也扮演重要的角色，必須有什麼是沒有說出口的，羞怯地將那無法言傳之事留待人發覺。

我總是說，大自然是最棒的設計師。自然莊嚴的美感充滿了魅力。大自然提醒了我們，風華可以是沉靜而不受影響的。完美的位置毫不費力地就封存了本身原始的磁吸力。沒有任何東西可以取代、勝過美妙的景色。我可能會以大理石的圖樣去呼應窗外葉子的搖動，或是加入低調的金色去凸顯等在戶外那片海洋的藍與灰。是環境啟發了這樣的對話。

位於加州貝萊爾房子內，這間女主人更衣室的牆面以貼金箔的木鑲板與復古鏡面交錯，加上復古黃銅飾邊。皺摺皮沙發和上漆的俱樂部椅，更強調了新版的好萊塢式攝政風格（Hollywood Regency）。

下頁：位於華盛頓州默瑟島上的這棟房屋內的玄關，三種不同的大理石交織出地板上動感的圖樣。牆壁漆成縞瑪瑙黑，與條紋天花板共同構成這個富有魅力的空間。天花板燈具是老件。

　自然靜悄悄的大戲讓我覺得非常神奇，例如義大利的一處採石場呈現出天然的對稱性與紋理，或是貝殼裡天生的精簡與扼要。這些事物更突顯了這一點；最顯要的東西往往很簡單。當超越日常時，奧妙就發生了，從凡庸變成代表性的，成為某種優雅而高效率的東西，其中大有可探討之處。在如今的生活和時代中，休閒是常態、舒適為王，有個問題也就浮現：真正的風華是否屬於過去？如何才能讓日常昇華為藝術？

　聰明與堅忍是我選擇擺設時最喜愛的工具。我深信不移，在家中的物品可以同時保有美麗與實用性。每個房間都值得被當作藝術品。最重要的是要記住，偉大的風格不管在任何價格區間都能盛放。對我來說，風華來自物件背後的歷史、骨子裡的故事。這有就是為什麼直到今日，跳蚤市場一直是我最喜歡的來源。給我一張有點靈魂的椅子，因為如果說室內設計是說故事，那麼就應該要挑選有聲音的物件。

　在現代世界中，風華有時會被屏斥為輕挑，被譴責為造作、妄想。誠然，它是一種白日夢的形式，是一種對於夢幻的冥想。但是，作為一個社會的理想，它也可以是強大而振奮人心的。風華歲月的概念把我們最好的可能性具體化。它激發我們的想像力、證實我們的野心、誘發我們的渴望。風華是對於卓越的自信，是個充滿奇蹟與刺激的地方，在那裡，平庸和無聊都被放逐。風華最深的定義就是——那會讓我們感覺，彷彿有一天理想會變成現實。

　談論風華，感覺叫好像在談論愛一樣虛無縹緲。那是特別的、閃閃發光的、個人主義的、出乎預料的、超自然的。我最喜歡的地方是那些會激起人強烈感覺的。若是你的家要訴說一個故事，那何不說個魔幻的故事？風華提醒我們，日常生活中就有魔力。它在讚揚一個比物件本身還要大的事物，啟發一種理想並將之緊緊抓住，儘管那理想是虛無縹緲的。它的魔力就在於有能力將野心與希望結合。

Simplicity 簡潔

傑斯‧卡瑞爾與瑪拉‧米勒

JESSE CARRIER *and* MARA MILLER

簡潔是一種心態,而不只是一種視覺風格。從本質上來說,簡潔是輕鬆的,並把這種生活概念轉換成裝潢。人要怎樣才能活得輕鬆自在?而我們身為設計師,要怎樣才能加以實現?每個人對於簡潔都有一套自己的理解,設計師的工作就是去瞭解客戶個人是如何定義簡潔的。簡潔不一定就是活在較少之中、活在沒有雜亂中,甚至是活在什麼都沒有當中。簡潔是整編的過程,設計師用邏輯與聚焦來決定要包含什麼、要移除什麼或是略去什麼。

人的天性當中有個很深的部分,總喜歡把所有物弄得一團亂,讓人覺得舒適、就緒。但是當好東西太多的時候,不論每個單一物件有多麼美麗,周遭環境還是會變得窘迫不堪。人過擁擠而沉重的空間,裡頭塞滿——以下自由填空:家具、物件、顏色、圖樣——往往會在物理上和視覺上讓人感到不舒服,因為局促且缺乏必要的留白。留白會讓視覺放鬆,人才能去欣賞眼所見的。設計師利用形體去創造整體的藝術構成,以引導視線、創造能量與動態;但在過多或過度的條件下,總是會導致整體的喪失或至少變得模糊;這樣一來,就算最富麗繁複的空間,看久了也會覺得死氣沉沉。

激勵人去進行簡化、刪減的,與其說是出於美學的選擇,不如說是生理與情緒的選擇。去蕪存菁的室內不只看起來是對的,感覺也是對的。一步接著一步、一點接著一點,設計師評估、添加、刪減,總是在考慮元素的組合是否在各個角度下都順眼。設計師最大的挑戰之一,就是找到正確的平衡,困難的原因當然因業主、因案例而不同,但也有很大的一部份是因為有太多的東西背負著意義與回憶。整編的工作常常是有機的、各種層次的。當各種片段漸漸被移除、重置或是集中,成果看起來、感覺起來也越來越好。這樣的改進也會改變客戶,有時很快,有時是漸漸地,有時則是一項一項地。簡潔的成果是辛苦換來的,而它成就、彰顯了多樣性。

每種風格都有從簡單到繁複各種不同裝飾程度的版本。最具代表性的簡潔風格,自然是那些很建築的、單純有力、完美地去蕪存菁的空間。在極簡的空間中,明確與精準是必要的,因為每種色調、質感都很重要。當東西變得越是獨特、細緻時,就越難達到那種輕鬆。當設計的結果是如此挑剔、組織如此良好、如此純粹時,眼睛就會聚焦在僅存的東西上,而且變得比較不留情。

鄉村或是田園風格的室內,則代表簡潔風格的光譜上另一種非常特別的類型,是由純真與實用性而生的。這樣的室內設計也可以是非常細緻、非常細膩的;能達成這種結果,通常是來自收斂的平面構成,與甚至更收斂的裝飾。這樣的簡潔讓人感覺真誠、迷人、輕鬆,因為它接納了生活中的不完美。這些陳設並不企圖變得更偉大,它們本身就很完美——以它們自己的方式。為了功能與實用所創造的這些陳設與物件,很容易看出真實而與生俱來的美。這些物件的表面很可能是原始的或未琢磨的,常常會告訴你有關它們的用途以及工匠的故事。

對某些人來說,簡潔這個概念只和空間如何使用有關:空間中的每樣東西都必須合

這間位於佛羅里達州西海岸的餐室,以殖民時期風格簡單擺設,裹上石膏的佛萊明風格吊燈在古董法國餐桌的對照下,顯得十分新鮮。復古餐椅與其餘部分的淡色調呈現鮮明的對比。法蘭克‧斯特拉(Frank Stella)的版畫以非常精緻的方式,為房間帶來熱帶的色調。

乎其功能，表面必須是可擦拭的、沒有軟墊包覆、不怕潑灑。地毯要和狗毛色相同。對另一些人來說，簡潔的家就是雇員充足、運作順暢的，那是為了某種生活風格以及維持一定的正規、高尚、儀節。對還有一些人來說，簡潔是奢侈的：要有完美的細節、絕對的細緻，房間裡的每樣東西都很重要，別無其他可能。還有些人則認為，簡潔就是根本不用去想什麼設計。

創造真正的簡潔，其過程是很複雜的，需要很大程度的兢兢業業、去蕪存菁。但不要把這些要求跟紀律搞混了，紀律所追求的也許是簡潔沒錯，但紀律需要精力與意志去維護。這就是真正的考驗了：人生也許並不完美，但設計中的簡潔可以讓人生活得美麗、輕鬆又不費力。

這間公寓位於紐約的上西區，一張傳統的英國布矩瓦德（Bridgewater）式沙發，面料是亞麻，顯得舒適又傳統。訂製的帕森斯式（Parsons）咖啡桌包覆著亞麻布料，簡單的線條與沙發對照。一座史蒂芬·安東森（Stephen Antonson）製作的胸像立在高高的台座上，顯得正式而優雅，但細看又很俏皮。

Exuberance 活躍

安東尼·巴拉塔
ANTHONY BARATTA

這張形狀少見的油畫出自美國極簡主義畫家法蘭克·斯特拉之手，驕傲地展示在這房間中。一對廿世紀中期的扶手椅及奧圖曼式矮凳，其簡潔的線條平衡了幾何圖形鮮明的地毯與抱枕。

下頁：自信滿滿的橘色家具，讓這個空間寬敞的起居室顯得熱鬧起來。地板上鋪著訂製的地毯，明亮色塊與中性淺色調的色塊交錯。不對稱的壁爐左方掛著一幅艾諾克·培瑞茲（Enoc Perez）的作品，而右邊轉角沙發上掛著的，是喬瑟夫·鮑伊斯（Joseph Beuys）的黑板粉筆畫。

偉大的裝潢是很有力的。室內，不論是內斂的或是張揚的，有能力改變我們思考、感覺的方式。我也喜歡沉靜、低調的房間，但我最開心的時候是身在一間靈巧而奔放的房間，四周充滿了顏色與圖樣。這樣的房間用一個形容詞來說，就是活躍的。

我常常被問到，怎樣的室內設計才能被稱為是活躍的。只要去看看馬蒂斯的畫的《宮女》就能回答這個問題了。這位大師高調地使用顏色與圖形，鬆散的線條結合了異國風情與情色，在畫面中創造出凡人之軀的設計師只能在夢中實現的室內裝飾。馬蒂斯對於畫什麼、怎麼畫勇於冒險，而冒險與熟悉之間的張力讓他的畫作活過來。勇於冒險也是創造活躍的室內裝潢時，一個關鍵的成分。

設計一個空間時，建築永遠是個起點，一般來說由此可以看出最好如何裝潢。好的建築會讓室內設計更簡單是沒錯，但也別忘記，好的裝潢有能力掩蓋建築背景的缺點，並彰顯其優點。建築與室內完美結合的例子，是一九三〇年代科比意為卡洛斯·德·貝斯特古（Carlos de Beistegui）所設計的巴黎寓所。那種將乾淨簡單的現代主義偉大建築，結合業主擁有的高過天花板的巴洛克風格陳設，簡直就是所向無敵，並且影響了許多後來的設計師，像是桃樂絲·卓裴以及所有好萊塢式攝政風格的設計師。

顏色，自然是做出大膽宣言最容易的方式。顏色沒有不好的，但是要創造活躍的室內風格，用紅色就比米色要容易得多。寇法克斯與佛勒（Colefax and Fowler）設計事務所的南西·蘭開斯特（Nancy Lancaster）所設計的奶油黃色房間、大衛·席克斯（David

Hicks）用十種不同深淺紅色設計的起居室、比利‧鮑德溫為菲奧蘭提納別墅（Villa Fiorentina）設計的莊嚴藍色房間，還有馬克‧漢普頓為基普斯灣的一間展廳設計的巧克力棕色的房間，這些作品永遠都有強大的影響力，雖然這些房間都是獨一無二的，但它們都透過強烈的顏色為其宣言，展現出清晰明確的目的。喜愛強烈顏色是個人特質，就像喜愛米高梅音樂劇一樣。我也喜歡用鮮明的色彩來裝潢。用顏色來塑造活躍感時並沒有什麼規則，但我喜歡用經典的配色，像是用藍與白當作起跳點，然後再加上一些調味，例如橘色。

舒適也是和顏色同樣重要的元素。家具不只是要讓人感覺活潑，其安排方式也要讓人容易彼此對話、閱讀或是眺望景色。那種被美麗的布料、地毯以及窗簾（沒錯，我喜歡窗簾）包圍的感覺，是無可比擬的。

我對圖形的癡迷也不下於顏色及舒適。設計師的工作中最棘手的部分，也許就是安排各種層次的圖樣，但對我來說，那也是我的工作中最有趣、最讓人感到滿足的部分。格子、花朵、條紋、幾何，以及其間的任何圖樣都包括在內。圖樣來自於房間裡所有的元素，包括地板的拼花、窗格，以及書架上的書，這些絕對不該被忽略。

最後的關鍵元素是比例。要表現大而無畏，就要用大型的家具。偉大的加州裝潢師麥可‧泰勒就深諳此道，用大型的家具會讓房間看起來更大。他的作品真正展現出何謂大膽、活躍的室內設計。將尺度推到極限總會讓我覺得興奮，因為這會對設計中所有的元素產生影響。

歸根究底，所有偉大的房間都會說故事，而活躍的房間的敘事角度，會講述舒適、顏色，以及我們生活的風格。

Family 家庭

伊芙·羅賓森

EVE ROBINSON

家是創意表現與社會參與的實驗室，對家庭來說，家不只展現了個人品味和興趣，也會透過設計將價值傳遞給下一代。

我的工作有很大一部份是為家庭做設計。怎樣才能讓家有吸引力又舒適，每個案子我都有一套發展成熟的原則。我設計的室內既現代創新，但同時又能超越時間考驗而不會過時。就像家庭本身一樣，設計也應該是長壽的。我認為家應該有強烈的秩序感及場所感，對於比例、平衡及尺度必須用心經營。物件要有空間可以呼吸。家應該納入一些能增加平衡、深化現在的過往的物件。顏色應該用來讓空間豐富、統一並溫暖。

每個家都有其獨特的風格，反映出成員的性別、年齡、個性、習慣、興趣、癖好、迷戀及信念。設計一個家時，很重要的是考慮家庭如何生活、遵守什麼樣的規矩。進屋時要脫鞋嗎？廚房之外的地方可以吃東西嗎？貓有爪子嗎？狗會做窩嗎？有些房間小孩不能進入嗎？家人喜歡一起做什麼？你們喜歡做什麼娛樂？這些問題的答案會引領設計的選擇，讓家可以反映出主人的樣子，並能讓人發揮最大的能力。

我從客戶那兒最常聽到他們對於家的抱怨是，有些房間從來都用不到，或者有些房間讓人感覺不舒服。在這個時代，很多父母親想要參與孩子生活中的每一個面向，如此一來每個房間都必須是這個家庭當中動態的一部分。我們都知道，廚房現在又成了家庭的中心，功能也擴增到遠超過烹飪與進餐。對很多家庭來說，獨立的餐廳已經是過去式了，代之以整合了工作、遊戲、休憩及娛樂的開放式平面。

就如同家可以被設計成讓互動往來最大化，房間也可以設計來增強正面的親子連結。每件家具的擺放以及其間的關係，會影響人與人之間的關係如何建立。舉例來說，在家庭房中加上一組L形沙發，前面再放一張軟矮凳，會鼓勵大家聚在一起玩遊戲、做作業或是互相對話。一個照明良好、舒適又宜人的空間讓大人讀書給小孩聽，可以增進親密感。在兒童房裡設置活動子床，容易讓朋友來過夜，能增進社交。

可能和很多人想的不一樣，在家庭中，優雅與實用並非不可兼容。在整個家中，布料可以是既賞心悅目又耐用的。我自己的公寓裡，玄關的地板設計成羅馬式的馬賽克，表面打亮可以反射燈光，為入口處增加精巧的光澤，同時也沒有比這樣的材質更能耐得住滑板、腳踏車、髒污靴子的踐踏，或是更容易清潔的了。一張豪華但簡單堅固的安傑羅萊伊（Anglo-Raj）木頭長凳，正適合用來堆放鞋子、背包、足球、棒球手套。時髦也可以很功能性！

若你住在像紐約這樣寸土寸金的地方，那麼大量的收納空間就很有必要，可以讓每樣東西（衣服、書、玩具）都有地方放。客製化的櫥櫃會很有幫助。整合式的床、書桌、遊戲區及收納空間，意味著在一天的結尾可以很容易恢復整齊。住在一個整潔、設計良好，擺放精選藝術品的家中，能鼓勵孩子欣賞美、滋養他們的想像力。

我自己是青少年的家長，關於好的設計對於家庭生活來說意味著什麼，我從孩子身上學到很多。第一也是最重要的一點，就是設計必須讓每個年齡層都喜愛。小孩子喜歡玩耍，所以家庭設計可以、也必須反應這一點。

在這個有四個女孩的家中，餐室的使用頻率很高，從正式的聚會到生日會都是在這兒舉行。Lobmeyr品牌的垂燈，特別訂製的桌子，材質是馬卡薩烏木。牆上的條紋畫作是卡倫姆·因尼斯（Callum Innes）的作品。背景中的紅色畫作是凱特·薛菲爾德（Kate Shepherd）的作品。

受到孩子的啟發，我會玩弄顏色和形狀，不只
是在他們的房間裡，而是在整個屋子裡，但也
不需把精緻和風格犧牲掉。做家庭的設計不
需要簡單化。

　　就如同家庭本身一樣，設計也會隨著時
間演化。設計必須看得更遠，並預料家庭的需
求變化。但不管是什麼年紀，在每日生活中浸
染在經過仔細思考的屋子裡，孩子自然能欣
賞好的設計，並學到在生活中加入美的成分。
家是分享、創造的地方，滋養我們每個人身為
個體、身為家庭一分子最好的部分。而設計是
達成這個目標最美好的方式之一。

一幅奧利佛‧巴別里（Olivo
Barbieri）色彩豐富的作品，掛在
顏斯利森（Jens Risom）品牌的
沙發後方牆上。一組黃銅玻璃咖
啡桌提供空間以進行各種活動，
從著色到玩大富翁都行。漸層色
的窗簾是羊駝呢材質。

Nuance 幽微

蘇珊娜·萊因斯坦

SUZANNE RHEINSTEIN

當我不再滿足於翻看我媽那一疊疊的 Flair、House&Garden、Vogue，並開始自己買設計雜誌時，當時時下流行的風格是各種明亮顏色組成的炫目海洋，我立刻就投入其中了。我把我的第一間公寓客廳漆成銘黃色，廚房是蒂芙尼藍，配橘紅色斑點的餐椅，浴室則是光亮的巧克力棕，加上孟宗竹的色調。時至今日，各種濃厚色調出人意料地混合在一起依然很受歡迎，可以創造出一種奇蹟般緊緊抓住眼球的活力。

但是在各種室內裝潢的方式中，有一種讓我特別喜愛。這種方式是創造一種氣氛，讓各個單一物件組成一個和諧的整體，產生安寧的氣場；以微妙的色調變化、有趣的對照，再加上足以改變整個房間感覺的微小細節。能讓人「哇」地發出驚歎，就是這種幽微受我偏愛之故。

我開始全面地欣賞幽微的室內設計風格，是因為我的客戶在他們令人喘不過氣來的生活中，表達他們希望家成為退居之地的願望，以暫時逃離那負擔過度、太過刺激的世界。我使用收斂的顏色、布料、照明、陳設、配件，將這些組合起來，創造出一個撫慰人心、細緻入微的環境。

假設建築已經被處理而初步的平面規劃也已完成，接下來選擇家具就必須非常小心。當把新舊物件加以組合時，必須留心與細部與質感。我買的古董椅通常都有古老而磨損（但非剝落！）的美麗漆色，露出底下木頭的顏色，或是褪色的鑲金、成熟果木的框架，這些放在房間中看起來非常有魅力，但不會有哪一件比另一件更突出。桌子可能是小型的，來自亞洲，上過四十道清漆，使表面

呈現一種特殊的微微起伏。或者也有可能是一張訂製的現代桌子，平滑的漆面加上簡單的青銅桌腳。有時我會訂製特別普通的桌子，再包覆以極端精緻的酒椰纖維紡織品，或是光面亞麻，以增添質感。

在這種風格中，面料的細節一定也要很內斂，布料很重要，但不一定要很突出。布料的處理方式可以呈對比，例如粗織霧面生絲、精細綿布以及比利時亞麻混以上蠟皮革或軟皮、與色調調和的短絨絲絨布。偶爾也可以用 Fortuny 品牌的印花棉布，或是手工模板印花亞麻布的內面，其顏色滲透出來彷彿夢幻般的水彩。選擇一間接受訂製、裁縫功力非凡的工作室，因為細節是關鍵。其他的細節，像是卷收邊或是平收邊，或是裙裾下的穗子，都必須仔細加以考慮。

草織地毯是將這一切元素拉住的好辦法。它的顏色很天然，從非常淺的乳白色到灰色及中度的棕色。採用隨著時間老去褪色的美麗方毯，不論是單獨使用或是放在墊子上，是另一種為房間增添內斂圖樣的方式。

把整間房間——包括天花板、地板、牆壁及飾邊——想成一個統一的背景，這對於當代的建築來說特別適用。把這一切都漆成同一個顏色但是不同的光澤，例如牆壁是完全的啞面，木頭飾邊是蛋殼般的霧面反光，會顯得很無國界，而且會給人一種如在雲端的感覺。處理得好的話可以創造一個完美的空間以供家具擺放。

藝術品則可以有點年代或是比較當代的，但是藝術品不是房間的重點，它是全體的一部份，這個全體是用來創造一個活出人生的偉大空間。空間中可能有內嵌式的光源，但

Baguès出品的燭台，來自設計師丈夫童年時在紐約的家，如今被固定在牆上。牆上裱著上色的方塊手工竹紙。一張荷蘭茶几立在瑞典古斯塔夫（Gustavian）式樣軟墊靠背長椅前方，椅軟墊以印花綢包覆。藝術家鮑勃·克里斯提安（Bob Christian）以威尼斯的一間教堂為藍本，為地板漆上圖樣。

也應該要有檯燈，以創造一池明亮。用表面有雕刻或是珠光的中國老甕改成的檯燈，非常美麗。這些元素與色調簡單柔和的絲或亞麻非常搭配。把這些與銅立燈（極簡當代的或是富有歷史痕跡的老件都行），也是有趣的對照。

房間中的其他元素也可以用來增添這種幽微的氣氛。像我就很喜歡鏡面非常古老的鏡子，整個都是灰、發黑的銀色，幾乎不會反光；還有古董薛菲爾德（Sheffield）銀具，具有一種低調的光澤，並透出銅的色澤。邊緣泛黑的銀光瓷器（十八世紀晚期發展出的產品，當時又被稱為「窮人的銀器」）也非常美。

在一間幽微的房間裡待得越久，就會對構成和諧整體、安穩氣場的許多細節有更多的瞭解。沒有一樣東西該特別醒目，而是都應該要很美麗，都是整體氣氛的一部份。

包圍房間的紅棕色壁畫同出自鮑勃·克里斯提安之手。路易十六時代的大理石壁爐架上，擺著十八世紀的木雕神獸。各種上漆的、貼金的、斑駁的、上蠟的木頭，以及各式各樣的布料，為空間帶來內斂的趣味。天花板漆成亮面米白色，以反射光線。

Welcoming Spaces 宜人

提摩西‧科立根

TIMOTHY CORRIGAN

我們都曾經走進那樣的空間，它好像是在耳語：「可以看，但不要摸！」那多半是因為那空間看起來太高級，讓你知道它不是為了你這類人而存在的；要不就是它看起來纖塵不染、一絲不苟、經過精心擺設，這等於無聲地告訴你，在這裡你和你的東西是不必要的。

身為設計師，我常常覺得，一個房間不論再美，要是不讓人覺得宜人，那就不是個好的設計。

好的室內設計，其祕密就在於一種隱約難辨、宜人的氣氛；事實上，好的室內設計會對你招手，邀請你成為房間的一部份。

在我設計的空間中，待上或長或短時間的人，離開時都會說：「這真是我到過最舒適、最宜人的地方了。」不過，說也奇怪，當人們看到同樣這些房間的照片時，他們的第一印象卻不是放鬆與舒適。

那麼，那些似乎是形而上、讓人一踏進一個空間中就倍感宜人的東西，那些不是立即就會讓人察覺的東西，到底是什麼呢？

首先，你必須要對房間的心理學很敏感。在空間引起人的情緒時，顏色占了很重要的地位，用顏色可以極大化企圖引起的情緒。家具配置及動線也很重要，家具太多或太少，都會扼殺空間的氛圍。佈置陳設的尺度正確也非常關鍵。舉例來說，在天花板高的空間中放置低矮的家具，會讓人自覺渺小、不重要。

其次，要注意舒適性。我們都看過那種看起來很美、坐起來像受酷刑一樣的椅子。關於座椅，首先要考慮的是人體工學與舒適。比例正確也很重要，椅子太大太小都不對。要是你想在房間內設置散發個性的物件，也請選擇別的物件而不是座椅。

然後，還要考慮實用性。誰會想要擔心在古董小桌上難免會濺出來的水、紅酒，或者不小心弄出一圈水漬在上頭？宜人空間的一個很重要的層面，就是它是設計來符合你的生活方式。如今，有各式各樣高功能性的布料可供選擇，讓人不用再為了小小的意外而局促不安。即使是最精緻的古董也可以上一層船用清漆，就不用再煩惱桌上被放了咖啡杯或是水杯了。

對一個宜人的空間來說，照明也是很重要的一環。再也沒有比充滿頂光照明的空間更不吸引人的了，那會讓空間變得平板、死氣沉沉。即使是在白天裡，照明也可以用來強調某個區域或是物件，讓它看起來特別不一樣。在房間的四周設置檯燈，可以造成一池池亮光，而就像是撲火的飛蛾一樣，人們都會聚集到這種溫暖、只有檯燈（或是用最近新開發、顏色矯正過的LED燈泡）可以製造的光輝旁。要確保房間中不只有配合氣氛的全面照明，也有供特殊需求，如閱讀或工作時所需要的燈光。

最後，把個性的力量納入考量。最宜人的房間是有趣的，但不是過度有力的。要達到這一點，必須透過空間中層層安置的物件，包括藝術品、書籍、在世界各地旅行搜集來的物件，或是小時候的東西。不要害怕把最精緻的東西與最普通的東西放在一起，例如一個古老的木雕與某個亮晶晶的嶄新機械金屬。在空間中撒一把讓人視覺上享受、驚喜的東西，

氣派的建築與休閒的佈置，這看似互相矛盾的組合，出現在這間堂皇的法國廳堂中。填充羽絨的深沙發，面料用的是適合戶外的材質，古董大不利茲（Tabriz）地毯，以及許多不同時期的藝術品，呈現讓人放鬆又宜人的空間。

能引起好奇心。還有，不要僅限於視覺元素，
音樂與氣味也佔據了很重要的地位，讓空間
變得特別、活潑且宜人。

美麗的空間每個人都可以擁有，但是最
成功的房間會是宜人的，讓人能在這空間中，
變成他或她最棒的自己。

與上頁同一間房子中的客房，採用帶
灰的各種藍色調，並襯以幾件干邑色
調的家具。這樣的房間目的是讓客人
感覺身處在一個特別的地方。豪華的
Fortuny品牌窗簾、葡萄牙地毯及十八
世紀的瑞典吊燈，共同達成了這個目
標。

Luxury 奢華

湯姆・許賀

TOM SCHEERER

奢華一直以來都是室內設計的同義詞。事實上，追求奢華是我們的工作中不可避免的一個面向。客戶委託設計師就是因為想要超過一般可得的東西，而這種特殊性一般會認為存在於稀有或是昂貴的家具與裝潢中。

然而，社會對於有增無減的揮霍其欲求有升溫的趨勢。我們所傳承的清教徒式對克制各種消費的美德（有一些很美好的設計解決方案因之而來），已經被徹底淹沒了。廣告及媒體是如此無休無止地推動奢侈，以至於大部分聘請設計師的美國人都追求這樣的風潮；而且他們似乎全都想要一樣的東西：絲、絨、很時尚的藝術、貼大理石的浴室，以及價值一萬美金的廚具——更別提建築還必須蓋得很大，基地也是寬廣無比。

但是，奢華的室內也可以不用這些元素。事實上，設計一間寵溺感官的房子而不使用這些元素，可以是一種很好的練習。原因如下：如果你想避開文化大雜燴裡老套的那些泡沫，那你就不得不提出自己一套對於奢華的定義。要是你可以用自己的語彙重新定義奢華，那麼你就會歸納出你個人風格的本質。

奢華是從幻想開始的，這一點也沒錯。我個人對於奢華的觀念深植於腦海，它是不會搖擺不定的。這一切始於某間立在高崖上的屋子，這個村莊朝西面海，不能開車進入。這間屋子有白牆，葡萄藤及果樹圍繞著石頭砌的露台。廚房裡有個用木柴燒飯的爐子。在臥房裡，我睡覺時就面對著一扇窗，窗外就是帶有鹽味的空氣。

老實說，我的客戶沒有一個人想要這種個性鮮明又原始的家。但瞭解我的夢想對設計是有幫助的，因為它衍生出那些我給客戶的、完成度更高、更精心鋪陳的設計方案。我從比較不那麼閃亮、不那麼華麗矯飾的方向推動，更著重於桌椅、沙發與生具來的那種雕塑般的輪廓。

我也會讓客戶知道，若是他們想要大理石的浴室或是很時髦的冰箱，那也沒問題，只不過這些表徵只是優裕生活的冰山一角而已。大理石的重要性比不上一扇窗；廚房裡，比起廚具，端出來的食物是什麼、怎麼享用更重要。對於什麼是奢華、什麼又只是一堆高價品的堆砌，我給客戶的很多都是從我的經驗和理解而來。

在我自己的職業生涯中，避免了大多數的老套。除了偶爾會用到絲絨的沙發，從事裝潢卅年來，我不記得我有買過任何的絲綢。我的設計前提是，真正的奢華存在於房屋的坐落位置或佈局、房間的配置，以及其間家具的擺放。

最後一個層次則是材質。品質優良的材質擁有魅力；但對於不同的房間，何謂好的材質有各種不同的考量。就拿布料來說吧，粗糙的布料和光滑的布料一樣，都各有其刺激感官的特色。如果你喜歡毛海或是亞麻的特色，它們也和絲緞一樣豪華。對我來說，奢華常常是和製作者的手有關。手工印製的棉布、手勾羊駝毛毯就散發出奢侈的光華，是工業織布機上做出來的產品無法企及的。

有沒有不昂貴的奢華？端看你怎麼想。「奢華」這個字本身就意味著有點超過、有點勉力。但奢華也可以很簡單，例如超市架上的放養雞蛋。

這間寬闊的客廳位於佛羅里達州的朱庇特島上，能奢侈地容納多個座位區，包括圖中這個角落軟長椅，剛好嵌入玄關與一組窗戶之間。法式的家具以及具有異國情調的元素，讓這裡成為最適合談話與娛樂的地方。

有件事是可以確定的：在未來所謂的奢華，看起來和現在的會很不一樣。地球上的人口數暴增，自然資源卻不斷減少。因此，新一代的設計師發展出一種簡樸的風格。他們擁抱現代主義，因為現代主義的美學較為簡潔，他們用老件家具，這也是一種資源再利用的模式。但就算是在這樣的脈絡下，也還是會有小小的奢華存在：喀什米爾羊毛、牛皮、動物皮革、珍貴的石頭等。而最容易傳達奢華概念、最不意外的語彙，也許就屬金箔了。但我相信，設計師的挑戰，就在於忽略這些容易得到的答案，對於何謂住得好，為自己也為了客戶，找出新的定義。

布魯克林高地的一間公寓中，這間經典的紅色書房位於房子的角落。這樣構成可能流於老套，但在這個案例中，亮面的半透明棕色讓空間變得新鮮。一張經過好幾次翻新的亞麻絨沙發，與一對包覆著粗面天藍色亞麻的廿世紀中葉扶手連背椅，構成美麗的組合。

Trends 潮流

瑪德琳·史都華

MADELINE STUART

變動的。備受矚目的。最新的。

潮又有型,這個概念自然是很吸引人,尤其是說到時尚的時候。誰會想要自己看起來很落伍?但是時尚雜誌裡的潮流,又該和設計與建築有什麼樣的關係呢?

設計師需要跟上最新的潮流,好看起來現代感嗎?或者是,若作品可以代表某種恆久的東西時(例如與建築合一的室內空間),經得起時間考驗的設計,是否比接下來會流行什麼,更為重要?

我的職業生涯,架構在我認為經得起時間考驗的設計精華元素之上。我對生活、裝潢、建築的看法,抱持的哲學是尊重低調的裝飾。我把自己看作是反「潮流指標」者,我致力創造無法立即被辨識出是哪一個年代的環境,更不要說是屬於哪一種「型」了。

偉大的設計師比利·鮑德溫曾說過:「如果和你的生活方式不配,都不能算是好的品味。實際上,美與合適永遠都在時尚之上。」

那麼,身為設計師的我們,要如何在這個風格與品味轉變的頻率快得驚人的世界中,保持不掉隊呢?我們要如何在我們的作品當中,一方面繼續尊重過去,同時又納入一定程度的現代性呢?

要是你研究設計史就會發現,要評論大多數早期裝潢的作品,很難不令人畏縮。很難想像有段時間,美國殖民式樣被認為是高端的好設計(誰想要一架老紡車當裝飾元素,舉手?)。我也很想知道到底是誰說服大眾,有寬十六吋(約四十點六公分)渦卷形扶手的沙發很好看——要是你懷疑真有此事,

不妨隨便拿一期一九八八年左右出刊的《建築文摘》翻翻看。事實上,翻閱過去所有從一九四〇年代到廿世紀末的裝潢雜誌,都會看到一些讓人搖頭的作品,出自亟欲登上潮流的設計師之手。

但是每看到一件讓人頭上三條線的落伍室內設計,就會有另一件好加在看起來還很恰當而且讓人喜愛的作品,並且不知怎地仍然讓人覺得很新鮮,儘管有一兩處細節可能會泄露作品的年代。這些占壓倒性多數的、經得起時間考驗的室內設計,有經典的元素在內:經典的中國式桌子、日本屏風、法式扶手椅、英國古董木箱、座鐘,也常有現代藝術作品在內。

我們無法不受當前風潮的影響,不論是對橘色的狂熱,或是比例過大的一九六〇年代鼓形燈罩,後者雖然再度復活但更迭已經沒那麼劇烈。

唯有透過研究歷史、藝術與裝飾藝術,我們才能逐漸瞭解某些潮流為何、如何興起,而哪種潮流又會持續不衰。室內設計是相對來說比較新的學科,但有無數的前人讓我們得知,是什麼構成了經得起時間考驗又獨特的設計。這些偉大的業內人士之中的幾位——法蘭西斯·艾爾金斯(Frances Elkins)、尚米歇爾·法蘭克(Jean-Michel Frank)、艾爾希·德沃夫、亞伯特·哈得利,以及前文提到的鮑德溫——他們對於經典的形式與歷史風格有真正的瞭解,但每個人又都能重新創造這些元素,並奠定他或她個人的獨特風格。若你研讀讚揚這些偉大才智的書,會發現讓他們

這個入口大廳在一間位於洛杉磯的屋內,特色是地上有史都華設計的大理石地板,對來客致以高格調的歡迎。樓梯旁懸掛的是約翰·韋圖(John Virtue)的作品《風景,編號556,1998》。一張義大利的胡桃色椅凳以及一座十七世紀的五斗櫃,完成了這整個擺設。

與眾不同之處在於，他們的設計中具有的現代性，似乎並不囿於某個時期。他們自由地採用那些反映他們身處時代的元素，同時又能夠在他們裝潢的房子內，徐徐注入一種恆久的感性。

最終，決定何者可能會被視為經得起時間考驗，是很主觀的。我視為高雅有型的，別人可能會視為無趣。我不認為我們都必須遵守相同的設計規條，但我也常常反思：我做的某些設計上的決定，未來會怎麼被評價？牆壁可以重漆、沙發可以更換面料，但是我輩設計師的某些行為，勢將比我們活得更久。我手中正在挑選的馬賽克瓷磚，明年會不會被認為退流行了？這個櫥櫃會不會有一天被當作設計上一個令人後悔的決定？我們的努力以及選擇產生的後果，是重大且長遠的──至少我認為應該要是這樣。

這間房子是由好萊塢的傳奇布景設計師塞德里奇吉本斯（Cedric Gibbons），設計給他妻子：女演員多洛麗斯·德爾里奧的。圖中廳堂位於二樓，長度超過四十英尺（約十二公尺），可以眺望太平洋與聖莫尼卡峽谷，景致絕佳。豐富的顏色、柔軟的質感如天鵝絨和毛海，讓空間顯得溫暖。

Comfort 舒適

邦尼‧威廉斯
BUNNY WILLIAMS

很多年前，當我剛開始從事設計師一職的時候，曾有過一次非常特別的經驗，那次的經驗真的架構了我對於設計中何謂「舒適」的哲學。在一次去倫敦的旅途中，派瑞許女士，也就是當時我的老闆，安排讓我和南西‧蘭開斯特在她的公寓裡喝茶，那公寓就在寇法克斯與佛勒設計事務所樓上，蘭開斯特就是事務所的合夥人之一。

有人帶我上樓等候，我興奮得幾乎無法呼吸，我所在的地方就是蘭開斯特著名的那間黃色起居室。讓我立刻感到驚訝的是，那是一間很舒適的房間。一張很深的沙發罩著亞麻布料，看得出來經常有人坐在上面。接著我開始觀察細節。妙不可言的亮黃色牆面、幾位伊麗莎白女皇的大幅畫像、水晶枝形吊燈，還有威廉‧肯特設計的家具，都是很了不起的物件，卻也同時增添了這房間怡人的氛圍。在這樣的房間，會讓你想要好好地探訪一番，或者蜷曲在火爐旁的沙發上。這也正是當蘭開斯特出現時，我們所做的事。

這間房間讓我想起在維吉尼亞州度過的童年。每個星期天，我們的大家庭就會齊聚在我最喜歡的波莎阿姨家，一起午餐。各個年齡層的表兄弟姐妹共二十幾人，坐在阿姨家的大客廳裡，那裡有很多塞得鼓鼓的軟座椅，上面罩著紅白單色印花布，分成三或四組座位。在一個古董的角櫃裡有裝得滿滿的飲料吧。我們都很愛這間對所有人張開雙臂的房間，雖然它不像蘭開斯特的起居室那樣，有優雅的黃色絲綢窗簾、高級的家具，但波莎阿姨的這間客廳也一樣不可思議地舒適。

一個房間舒適與否，取決於是否在規劃階段就考慮到使用者。他們會坐在哪兒交談

羽絨填充的布面物件，面料是好幾種不同的老布或是古董布，是這間書房顯得舒適的關鍵。法式落地窗通往蔥蘢的花園，從好幾盞檯燈而來的柔和光線，照亮了房間內各處的紀念物，訴說著屋主的旅行故事。

下頁：在一張尺度寬敞的沙發上放著一大堆抱枕，釋放訊息，讓客人互相交流。沙發上披著一塊蘇薩尼（suzani）布料，幾張不同風格、不同時期的雕飾椅子，更增添了舒適所必要的非正式感。

呢?座位區應該讓人覺得親密,沙發及椅子不會太大或太小,而是剛剛好,正如同《三隻小熊》的故事一樣。還要有小桌子可以放飲料、柔和與眼睛齊平的燈光。有一張迎賓桌或是放置雞尾酒盤的櫥櫃,客人可以自行取用,使他們覺得好像在家中一樣。就算是在更現代、感覺更極簡的房間裡,經過精心思考的細節才會透露出房間是設計來給人用的,而不是拍照用的。

　　房間不僅要漂亮,也要有功能性。要創造出舒適的空間,首先就要考慮房間會怎樣被使用。此人的生活方式是正式的還是非正式的?此人有沒有藝術收藏品?寵物呢?一切都應該考慮到。然後房間的個性就透過顏色、布料、家具以及藝術來展現。很重要必須記住的是,房間是用來住的,不是用來展示的。

　　家具必須構成組合,必須讓人們可以交談;不可以相隔太遠。用不同尺寸沙發和椅子加以組合。一定要有適合閱讀的燈光。要有個地方可以放筆電,有地方可以玩遊戲、打牌或玩拼圖。當家具就定位之後,有香味的蠟燭讓整個房間飄香,在俱樂部椅上披一條喀什米爾毛毯,大型的沙發和椅子上擺放柔軟的抱枕,在火爐前的一張桌子或是長凳上,堆放有趣的書和雜誌,這些都會增添溫暖的層次。

　　決定成為室內設計設計師的人,每個都有自己的原因,可能是出於對空間的熱愛,或者是為了讓了不起的家具收藏有個家。對我來說,第一個浮現腦海中的是,那些在我創造的空間中生活的人。我從小就學到,房子是用來享受生活、與他人分享的。我會想像不同年齡的人聚在一起,讓房子裡充滿了歡聲笑語。

　　一間經過精心設計的房間,不管是單獨一人、小型家庭聚會或是大型的聚會,都會讓人覺得捨不得離開。

Humor 幽默

哈瑞·海斯曼
HARRY HEISSMANN

當你在雜誌上看到、或是親身造訪某個室內設計作品時，你有沒有想過，是什麼吸引了你？當你在房間中走動時，什麼會吸引你的目光？是什麼讓它變得個人化、讓人難忘？對我來說，答案常常是：幽默。

就有這樣的房間，它的佈局、家具擺設都很棒，層次與家飾品的安排也都非常專業，但就是讓人感覺好像少了什麼。因為還需要一些機智，才能讓「房子」變成「家」。在這一點上，在設計與風格的業界倍受尊敬的艾麗絲·艾斐爾（Iris Apfel）說得最貼切：「美國室內設計最大的問題之一，就是缺少幽默。每件事都應該要有幽默，因為要是少了它，你就跟死了沒兩樣。」

看看托尼·杜奎特（Tony Duquette）的室內設計，你不只會在其中看到舒適的家具、仔細安排的物件，同時也有一些特別的地方，在一般人的目光下不見得很明顯，那就是他的幽默，例如使用車輪蓋以及雞蛋紙盒當材料。早在人們開始談論回收再利用之前，杜奎特就已經付諸實行了。他把雞蛋紙盒漆上閃亮的金漆，轉化為天花板上的元素。用這種材料既不昂貴又很聰明，只有靠近仔細看才會發現。不過，要小心的是，使用這種隱藏的幽默必須慎重，若不是像杜奎特這樣的大師，別人用了可能會慘不忍睹。

那麼，怎樣才能在室內設計中注入幽默呢？怎樣才能讓它更具娛樂性、個人化又有趣呢？

有個開始的好方法，就是在日常生活中保持好奇與好問，這樣一來你就會發現處處皆幽默。對設計師來說，必須持續不懈地練習仔細觀察，尋找那些好玩的、引起注意的物件，並策略性地把它們擺放在室內，好讓房間活過來。

克勞黛與馮斯瓦·拉藍（Claude and François-Xavier Lalanne）的作品就很幽默，

這間公寓高棲於曼哈頓的街道上，一隻異想天開的蝸牛由樹脂製成，就住在客廳的大地上，出自托尼·杜奎特（Tony Duquette）之手。與之共生的蘑菇是一對當中的一個，是在佛羅里達州棕櫚灘的迪克西公路上買到的。

像是雕刻的動物打開變成書桌、浴缸或爐子；還有紐約凱雷酒店中，德維希·貝米爾曼斯（Ludwig Bemelmans）的壁畫也讓人會心一笑。

幽默可以是隱藏的或是低調的，但也可以是明顯的甚至直接的。但就如同室內設計中的每一樣東西一樣，幽默也取決於與其他物件的組合，它們之間的對話與對照。希絲特·派瑞許有個很出名的案例，她在一間樣品屋的房裡放了一隻古董旋轉木馬上的動物（一種速成的雕塑），讓來訪的客人一進來就露出微笑。另一方面，在艾爾莎·裴列提（Elsa Peretti）位於義大利波爾圖埃爾克萊的住宅中，那間聲名遠播的客廳裡，有個壁爐架的造形就像是海神涅普頓的嘴，是由倫佐·莫賈迪諾（Renzo Mongiardino）設計的。

幽默也有更為低調的方式。像是大師亞伯特·哈得利就用鞋帶為一位朋友的老法國椅飾邊，這種應用既有趣又出人意料。又如法國知名設計師瑪德蓮·蓋斯庭（Madeleine Castaing）在萊韋的自宅中，有張古董椅子的椅腳雕刻成踮著腳尖的芭蕾舞鞋。

當哈得利造訪我在二○○三年剛完成的自宅時，他坐下來，看看四周，然後點起一根雪茄。他表示這間公寓應該被稱為「朋友之家」。當我進一步詢問時，他說：「呃，小子，看看你四周吧——你的每樣東西都有個性，或是眼睛！」對我來說，他的評論代表我成功了。

哈得利知之甚詳、所有的室內設計師也都該學的，就是房間不只是用來展現靈巧佈局與精湛美學的舞台，也應該是一個愉快的地方，用來在朋友及物件的陪伴下，享受生活中比較輕鬆的時刻。而物件要是能展現機智及精神，就能大幅度地激活我們的人類同伴彼此間的對話。裝潢不是攸關生死的，而是攸關生活的。幽默，就像是湯裡的鹽。

這個壁爐靈感來自義大利十六世紀的設計，為這間位於曼哈頓的閣樓裡注入了機智。在曼哈頓一間精品店找到的萵苣葉椅子，更加深了這間房間的俏皮感。

175

Reinvention 再創造

邁爾斯‧瑞德
MILES REDD

據說畢卡索曾經說過:「好的藝術家借用,偉大的藝術家竊取。」為此,尋找靈感時,我經常把眼光轉向我的同儕,不論是過去的或是現在的。但我也發現,就算你大膽地故意複製什麼東西(例如我就借用了亞伯特‧哈得利為布魯克‧阿斯特設計的紅色與亮銅書房),也很少會看起來一模一樣。事實上,總是會有些許差異存在,因為這就是手與材料的本質——光線不可能照在同樣的地方兩次。就算是從一間已經存在的房間提取了靈感,不論多麼直接地用上,設計出的房間也會有它自己的個性,要不是設計師本人的,就是,而且最好是,從居住者而來的。就像是年輕女孩穿上宴會服,效果和成熟女人穿起來就是不一樣。房間會隨著居住其中的人而改變其個性。所以我說,就去抄襲吧。

我從來就不是那種每樣東西都自己設計的設計師。我相信偉大的集體無意識,以數千年來存在我們四周的創意為設計基礎。也許羅馬人真的發明過一些東西,但是要找到以前沒有被發明過的東西,真的很難。雖然我真的企圖插入些新的創意,然而我設計的房間總是混合了很多不同的影響及參考來源的結果。舉例來說,我的客廳裡有一扇包覆著斑馬紋的對開門,這可能是我唯一有過的原創想法;然而,就算如此,還是不能不對埃爾摩洛哥夜總會(El Morocco)、艾爾希‧德沃夫、雷夫‧羅倫(Ralph Lauren)致意,因為他們都曾很巧妙地用過斑馬紋,當時我甚至都還沒出生呢。

我試著把過去的重新創造,以用在未來。時間和創意會推著我們前進,但身為設計師,過去總能作為參考,指出我所受到的影響。在裝潢當中我最喜歡做的事之一,就是找到某個有點被忽略的好東西,把它變得了不起。在芝加哥的一間奇妙的房子裡,我找到一間大衛‧

這間充滿活力的客廳位於休士頓,一幅奧古斯丁‧赫塔多(Agustin Hurtado)的畫作掛在座位區的上方。牆壁以緞面覆蓋,醒目的黃色窗簾、紅色條紋的椅面,以及黑色亮面門扇,在在讓人想起桃樂絲‧卓裝,設計師正是受了她的影響。

阿德勒（David Adler）設計的浴室，美侖美奐，牆上滿是鏡子鑲板；我就把它複製到我在紐約的公寓裡。過程中，地板簡化成新古典主義風格的圖樣，是大型的銀交叉加上墨黑色的比利時大理石板；一面一九五〇年代的威尼斯鏡子掛在華麗的區域上方，角落裡擺一尊巨大的宙斯胸像，以增加趣味和好奇。房間的本質還是一樣的，但是因為我住在裡面，它同時也是一個新的造物。

拿一件好的棕色家具，它也許是你祖母或是曾祖母的東西，也許不合你的品味，但你也不想把它丟掉。就把它拿來改造，擺脫陳舊無聊的風格，讓它變成烏木色或是像玳瑁材質，總之改變它！把一座舊的法式矮櫃拿來漆上淺藍色的亮面漆，再把所有的金屬件都鍍上銀。於是原本不入時的樣子就變得時髦、很潮，但還是保有過去那個年代所有的美麗工藝成果。

創造力是了不起的人類精神，它絕對是讓我早晨願意起床的事之一。重新創造一個創意或物件的過程，在很多方面來說，都是我個人創造力的精髓；它讓我設計出來的房間不像是在生產線上組合成的樣品屋。看看我的作品，把這些對裝潢的反思和再創造過濾，也許你也會找到只要再加點力，就可以拿來再創造的想法。

我鼓勵你這麼做，因為模仿是最頂級的讚美。

鴨青色的塔夫綢窗簾，牆上貼著壯麗的風景畫壁紙，兩者都是de Gournay的產品。這間餐室為交流對話佈置好了場景。藍白色的中國陶瓷賦予一種跨文化的影響力。

左頁：在這間高格調的房間裡，有幾處相當明顯的再創造：一張原本平凡的桌子加上了仿玳瑁的顏色之後，多了一點氣魄；知更鳥藍的窗簾，讓人想起時尚設計師奧斯卡·德拉倫塔（Oscar de la Renta）設計的裙裝。

Sex 性

馬丁‧勞倫斯‧布拉德
MARTYN LAWRENCE BULLARD

很多人認為我設計的室內帶有性感的氣氛。這也許是因為我認為，唯有當有人覺得一個房間很性感、或是身在其中很性感（這樣更好），才算是成功的設計。當然，什麼是性感，看法因人而異；而其中最重要的就是品味。

然而，好的品味就能引起這樣的情調嗎？它有沒有可能真的讓你產生戀愛的情緒呢？我不能說我有找到什麼科學的證據，但我可以真心地作證，一個裝潢美麗的空間有何種魔力：在一間唇膏紅的客廳內，擺上誘人的絲絨材質深沙發；在威尼斯宮殿中的一間臥室裡，角落裡浪漫地放著一座銅浴缸；在幽暗的書房裡，火爐發出魔幻的霹啪聲，四周都是陳舊的皮革精裝書——這些都是裝潢的技巧、奢華佈置的祕方，可以增加空間的性吸引力。

自然，那些性感的房間都有各種層次的紡織品和紋理、大量採用漸層色調、有意地使用大尺寸的柔軟家具、大量的羽絨填充抱枕，以及舒適的喀什米爾羊毛毯。說實話，當這些都不管用的時候，總還有燈光微調開關，這個神奇的小發明可以改變房間的情調、替氣氛加溫，創造出立即可得的性感空間樣貌，即使其他的家具佈置都缺乏那種難以言喻的魔力。

我曾被客戶要求把某些空間設計得特別性感，像是把一間浴室中的淋浴區用金色的網簾圍住，並且正對著主臥床鋪的視線。那網簾織得很細密，當枝形吊燈的蠟燭光點亮時，讓人可以看得見裸體的輪廓。

不論客戶是否挑明了說，期望房間很性感永遠都是隱藏的暗流，是未說出口的關鍵，也是挑起朋友與家人羨慕的成分。一間房間可以有新古典主義的尺度、傳統的架構、廿世

這個設計的主宰是幻想，更精準地說，是印度式的幻想。這是雪兒在加州馬里布的家中的主臥室。佈置的靈感來自於一張十九世紀描繪著女神的象牙雕版。空間的主角是各種材質的乳白色、茶褐色、象牙、巧克力、烏木、金及銅。

下頁：這間位於加州馬里布的浴室，靈感來自巴里島。一座Waterworks出品的寬敞銅浴缸構成視覺焦點，柚木柱子支撐著雕刻繁複的拱圈，是十八世紀印度拉賈斯坦式樣（Rajasthan），又增添了文化參考來源。殖民式樣的燈籠提供了挑逗人的光線，熱帶花園景致讓建築變得柔和。

紀中葉的瘋狂，或是流動的現代線條，但是性
感元素才是執行成功的關鍵。

所以你可能會問：要怎樣才能創造出性
感的室內設計，又不失之於庸俗下流呢？

就時尚而言，高雅與討人厭、挑逗與挑釁
之間的界限常常很狹窄。對室內設計來說也
是如此。就像前面說過的，我曾來不曾一開始
的時候就把某個室內設計想成一定要性感，
我認為這氣韻一定要是自然的，就像是與吸
引你的人展開一段關係，第一條件一定是絕
對不要強迫任何事。讓房間的細微變化引領
你。

找出你有感覺的顏色，會讓你感覺好、看
起來漂亮的顏色。我發現如果客戶喜歡穿藍
色，也會喜歡藍色的房間，因為這樣的房間會
讓他們覺得有魅力，身處其中也有自信。如果
你的眼睛是綠色，又坐在牆壁是綠色亮面的
客廳裡，你會知道自己的眼睛正反映出周圍
的顏色，就像高級珠寶店裡的祖母綠一樣閃
閃誘人！它就立刻會變成你的房間，這個舞台
上你就是明星，世界任你誘惑、你任自己被世
界誘惑。這就是一個成功的性感室內設計。
其實沒有什麼真正的祕訣，有的只是好的裝
潢、對顏色的瞭解，以及知道何時、如何使用
這些顏色。不論你家是用簡單棉布裝飾的鄉
村屋，或是牆上鑲貼皮革、家具時尚的高層閣
樓，還是用休閒寬鬆的亞麻布裝飾加上柳條
家具的海灘屋，這些都無所謂，重點是要瞭解
你自己。

一旦你能將你對於裝潢的夢想加以詮
釋，其他的一切都會應運而生。但記住，時尚
界最重要的女英雄：可可·香奈爾的名言：「出
門之前，總別忘了拿掉一樣東西。」這句話也
適用於室內設計。不要把百合花過度裝飾，這
樣的室內會更性感迷人。

Scandinavia 北歐

RHONDA ELEISH *and* EDIE VAN BREEMS

北歐設計中那種明亮簡潔的特性，是一種出於必要的美德，來自於不可預測、嚴苛的北方環境，因此對於自然元素小心地加以平衡是絕對必要的。幾個世紀以來，北歐人學會了擁抱此地獨特地理下的光線、樹木、水、金屬與土地。這裡的人以這些元素，加上前瞻的美學及技術，打造出耐久而優雅的居所。北歐與自然之間要求的是平衡、安穩，這對於世界各國的設計師來說，都是值得學習的一課。

今日，我們都很熟悉那些廿世紀來自這地區的家具與織品設計大師們：菲恩·朱爾（Finn Juhl）、漢斯·韋格納（Hans Wegner）、阿爾瓦·阿爾托（Alvar Aalto）、保爾·漢寧森（Poul Henningsen）、卡雷·克林特（Kaare Klint）、約瑟夫·弗蘭克（Josef Frank）、布魯諾·馬修森（Bruno Mathsson）、瑪塔·瑪斯費耶斯東（Märta Måås- Fjetterström）、以及阿米·拉舍（Armi Ratia）。這些大師們歡欣地應用他們承繼的北歐功能性設計，這種設計起源於鄉村間孤立的農莊。農民的生存有賴於堅固耐用的長舟、獵刀、牛犁，甚至包括家人吃飯用的手鑿木碗。在這樣的屋子裡，生活常常是在斗室之內，因此家具發揮巧思結合兩種功能，例如有結合櫥櫃與時鐘的床、展開可以變成桌子的椅子等。

在北歐國家，對材料的尊重是根深柢固的，例如當地產的木材、金屬、亞麻、陶瓷以及羊毛，這一點如今在北歐的設計學校、公會、機構、本地或國際的設計競圖中都還看得出來；在尊崇過往的同時，也強化了創新的能力。北歐人尊崇耐用以及對生態無害的材料，於是近年來發展出像是利用回收的纜線製成的繩索，或是用奈米科技纖維素材料製成的輪胎等等

先進的產品。

幾個世紀以來，北歐家庭的設計以兼具功能性與裝飾性的技術，強化了光線與溫暖，平衡當地經常是黑暗、寒冷的氣候；這些技術如今仍在使用中。北歐處處點綴著漆成淺色的建築物，從城市住宅到鄉村夏日小屋都是如此。上漆也有實用的功能：在十七世紀，室內及室外用漆也有防蟲、防蛀、木材防腐的功能。深而飽和的室外漆的顏色，來自於當地礦業的副產品：銅、鈣、鐵、氧化鉻等，當這些原料和石灰混合時，就會產生菊黃、珊瑚紅的各種豐富色調。

這些外部漆的柔和版本，在十八、十九世紀時也用於室內。如今，酪彩與蛋彩捲土重來，因為這些顏料比起嚴肅的化學顏料，更能提供讓人喜愛的環境。礦物顏料的濃色也因為能反射光線而被珍視。斯堪地納維亞的設計總與白色調分不開，這是為了對抗漫長的冬季，也是受到瑞典古斯塔夫經典式樣的影響。那是一種細膩的層次，由很多種白色、灰色、柔和的木質所構成，包括地板；淺色而易反光，但不令人覺寒冷；再點綴以斯堪地納維亞式的原始，創造出一種動人的張力及平衡。

北歐人喜愛光線來平衡冬季的陰暗日子，這一點也可以從他們對於玻璃和上釉的喜愛看得出來。玻璃因其美麗及反射性而被尊為一種有力的室內藝術形式。國王古斯塔夫三世在一七八七年興建的哈加別宮，裡面就有一面玻璃牆，將室外的景色攬入室內，是最早的現代玻璃牆之一。這樣的建築策略延續了下來：博物館牆上貼著巨大的鏡面玻璃，反映挪威的海岸景色、在瑞典某個湖畔，一間簡單的玻璃涼亭、在北極圈邊緣的一間漂浮旅館中，雕塑般

在北歐，房屋選用淺色是為了反射稀有的光線。這間迷人的客廳也是如此，牆壁及家具漆上精巧的灰、綠及白色調。天然上蠟的松木地板讓整個房間感覺沉穩，很像是北歐森林裡的鋪地的松針。

用來觀賞北極光的玻璃圓頂等等。北歐的室內空間中，窗戶的處理是極簡單的，並用反光的玻璃、水晶、黃銅以及鐵製燈具，提供詩意的電燈光源。夜間，除了常規的照明之外，在街道上、門洞裡、窗戶邊，也浪漫地燃著火炬、燈籠、燭台，傳遞更多的溫暖感覺。

北歐國家無懼於生活的脆弱性。正如神話中奧丁將自己倒吊在宇宙生命樹上，這樣相反的平衡是為了求得拯救的智慧；北歐設計尋求的是自我與環境之間的動態平衡。它帶給我們的教訓，像是使用本地生產而不傷生態的材料、從當地資源衍生而來的豐富顏色、提供光線的技術，還有把玻璃提升到藝術層次等，這些為了應付黑暗的氣候而興起的智慧，也可以應用在我們的環境當中，即使我們的環境與北歐截然不同。在光線與熱源充足的地方，北方所崇尚的平衡也許能指引另一種美學：篩濾光線的涼爽建築、涼廊、屏幕、陰影等，在這樣的環境下，室內設計的窗戶處理也許就不是極簡的，而是相當積極的。斯堪地納維亞設計的本質不是由某些特定顏色組成的特殊色調，不是特定的風格或材料，而是透過大量的環境智慧，敏銳地將稀有的資源做最大化的應用。斯堪地納維亞的設計哲學，及其如同耐久的試金石特性，不再圍於當地的地理範圍，而是世界各地的設計師可以尋求靈感的泉源。

在這間客室裡，四周是質樸而磨損的石灰牆面，天花板上有手工鑿成的樑。十九世紀的瑞典刻花家具，以幾種不同的條紋布料包裹，與地板上的寬木板圖形互相呼應。

Fantasy 幻想

拉齊·拉德哈克里山
RAJI RADHAKRISHNAN

偉大的室內設計就是把不可能變為可能。一個設計案的起頭是非常寶貴的，我會把這種時刻交托給天馬行空的想像、最深切的渴望。我不會讓任何人抑制我最初的想像，那就像早晨甜美的夢境一樣，充滿了可能性。即使隨著設計案的進展，現實開始進駐，我發現，從那些最早的幻想中總還是有東西可以擷取。所以在最早的階段，我就在沒有局限、沒有預算、沒有限制的前提下，自由發揮。

幻想總要從某處起飛：去一趟最喜歡的博物館、好幾天浸在等身高的藝術書堆裡尋覓，或是花好幾個小時盯著大都會藝術博館裡的作品，不管自己在其他人看來會不會很蠢。讓自己迷失在這些先遣戰中，結果就會創造出豐富而新穎的東西。

如果你研究得夠深入，那你絕對不會忘記你最喜愛的藝術家作品。儘管放心，有天它就會適時地冒出來，召喚出一個遠大的想法，將美麗化為現實。

在我的作品當中，壁畫就是這樣的例子，每件都展現出虛構、想像或記憶。凡爾賽宮的一角、國王禮拜堂令人屏息的美景、一趟瘋狂倫敦之旅的記憶，不搭計程車或雙層巴士，而是在地鐵線之間轉換；還有從旅館眺望雅典衛城的難忘景色。

幻想也可以在其他地方找到。幻想可以讓建築乏善可陳、大小也平淡無奇的房間變得獨一無二：例如，有溝紋的石膏抹牆，加上五英寸（十二點七公分）寬的鋸齒飾邊，天花

在埃托·索特薩斯（Ettore Sottsass）設計的沙發後方，馬蒂斯（Matisse）、伊夫·克萊因（Yves Klein）以及唐·坤可爾（Don Kunkel）三人的畫作緊靠著彼此成為一個組合。餐桌是廿世紀早期的紐索風格，搭配一九四○年代的法國椅子，上方則是Gaetano Sciolari出品的吊燈。

一幅艾爾·海德（Al Held）的絹印作品掛在壁架上方，壁架是從一座十八世紀的法國陽台改造訂製而成。兩側是一對讓·佩拉爾（Jean Perzel）的壁燈。馬克·紐森（Marc Newson）的「感覺椅」（Felt chair）及威利·利佐（Willy Rizzo）的雞尾酒桌，使整個場景完整。

板及牆腳再加上更繁複的層次，就能創造出富於細節的幻覺，看起來不突兀，就像是它一直就在那兒。往下看那疲態畢露的八英寸寬拼木地板，想像凡爾賽宮那四英寸寬的手鑿地板──這樣一來，這間房間的殼就趾高氣昂了起來。把房間添補至你滿意為止，你會看到自己的幻想是如何成為現實。

不論幻想或現實，重點是，不要在遠大的夢想與可能性之前感到羞怯。每次都把自己敞開，迎向你最棒的想像，就算純粹是幻想也沒關係。

PROCESS

過程

Trust 信任

梅瑞迪斯‧哈林頓

MEREDITH HARRINGTON

好的關係都是建立在信任上。

室內設計的執行包含了一張人際關係網：設計師與客戶、設計師與建築師、供應商、交易商、中介商。在設計住宅時，設計師與客戶之間的私人關係就變成必要的。設計師會知道一個人、伴侶或家庭喜歡怎麼消磨時間，什麼會讓他們覺得開心。客戶也會分享他們的私人資訊，像是家庭關係、習慣、緊張、焦慮、希望等。此時，保密與同理心千金難換。尊重客戶的癖好、保護對方的隱私是信任的關鍵。

對於關心客戶的錢，也是另一種層次上的信任，設計師必須取得這樣的信任，並加以保衛。清楚的交易條件、執行時的佣金與折扣必須透明化，傑出的預算與賬單製作能力，都是贏得客戶信賴、創造長久關係的關鍵。我有一個客戶，在十七年之間委託我進行了八個設計案。雖然每個案件的預算都已經訂定也得到同意了，但我們每個月還是會為客戶製作詳細的厚實賬單。現在，客戶要求每個月只要從我辦公室收到一封Email，告知該匯款的金額即可。這就是真正的信任。

設計師有願景與能力，能創造耐久而美麗的設計，客戶對此也必須發展出信心與信任。我致力於用心去溝通設計概念，並確保整個設計過程都開放客戶咨詢，讓客戶瞭解設計的流程。我有一個案子是改建一間海灘屋，分三階段，歷經好幾個冬天。在最後一個階段，我強力勸說客戶改變一座通往廚房的後樓梯的位置，但這樣一來樓梯下方的衣帽間就會消失。客戶很堅持要把衣帽間留下來給孩子們用，甚至一度要我不要再提起這個想法了。我不屈不撓，說服她把衣帽間安排在廚房外的一個過堂裡。之後她一直很感謝我的堅持，讓整個房間的風貌大為改觀。優秀的設計解決方案、說服、開放的溝通，會讓客戶信任設計師的能力。

學習傾聽客戶的願望並正確地加以闡釋，並幫助客戶達成這些願景，對一個完整貫徹的設計來說，十分重要。但同樣重要的是，對於預算或實際上的限制所造成的設計上的限制，必須對客戶誠實；並就現實中的時程以及完工所需，管理客戶的期望值。我曾經勸說新客戶把他們的小屋賣掉，去找另一個更寬敞、能容納他們想要的生活願景的房子。當時他們已經花了一段時間和金錢，和一個建築師合作，企圖把那棟非常小的房子變成某種超出它的可能性的東西。聽了我的建議後，他們找到了一處非常迷人的地產，之後我們總共合作了兩次。

與建築師、員工、顧問、供應商、匠師、經銷商及承包商之間，要是沒有持久而互信的關係，設計師就無立足之地了。有可以信任的同僚、自己也被信任，這對任何一個成功的案子來說都是絕對必要的。培養這些關係是良好的設計專案中，持續不斷的工作。

最後，我們身為設計師也必須相信自己，相信自己的教育、靈感、精力、訓練，還有直覺，因為非常好的決定常常出自直覺。在牛津英語詞典中，「信任」一詞在古諾爾斯語中，原本的意思是「強壯」。強壯的連結不會破裂，被信賴、受培養的信任，也是如此。

這個廊道是個過渡空間，從一間龐大的廳房過渡到溫馨的家庭空間。牆上的光雕是阿姆斯特丹漂浮工作室（Studio Drift）的藝術家隆內克‧高待寧（Lonneke Gordijn）與羅夫‧納烏塔（Ralph Nauta）的作品，材質是銅、真的蒲公英及LED燈。在它底下的側櫃是菲利浦與凱文‧拉維爾（Philip and Kelvin Laverne）的作品。訂做的遊戲桌是Soane出品。

Problem Solving 解決問題

賽勒斯特·寇博
CELESTE COOPER

設計師是解決問題的人。就像古羅馬建築師維特魯威所描述的，我們在力量、功能、美之間的複雜關係上運作。在之間的千絲萬縷中，藏有無數如迷宮般的問題（不論是在願景方面或是執行方面上），有待我們解決。

第一步是為室內空間創造一個願景，並將之生動地傳遞給客戶。設計師必須以無懈可擊的邏輯解決美學上的問題，以創造約翰·薩拉提諾（John Saladino）所謂的「走入靜物畫中生活」。我們處理空間中的組合、形狀、型體、地面、量體、韻律、對稱、尺度、物體間的對照、顏色與景物。我常常說，平面規劃圖看起來應該要像是抽象畫。這是我們呈現給客戶的第一個願景。

但是室內設計的精美場景不能為藝術而藝術，而是必須讓人滿意；它必須是實用的、像船舶一樣配備萬全，不論我們服務的是何許人。我們必須開開心心地面對有多少隱藏式收納都覺得不夠的極簡主義者，還有客戶堅持連最小的空間也要有書房、辦公室、坐得下十六人的家庭電影院，再加上客房功能。我們還必須為專精外帶到了藝術境界的人設計廚房、為了不可自拔的人在每個房間都安裝電視、並且想辦法把企業等級的電信與安全系統裝在家裡。我們還得為每個表面都編寫規格表、畫出每個小細節。

創造出功能入微的平面之後，就必須用物件來成就我們的願景，採購能同時滿足形式與功能要求的東西。這些物件是用來傳遞訊息的媒介，必須經過悉心地考量、明智地選擇並敏銳地加以實現。對於室內所傳遞訊息來說，編排是關鍵，因為折衷主義很可能會造成混亂的結果。我們還必須知道各種新知、

必須不斷地學習研究以獲得廣泛的知識，還必須下判斷、避免落俗老套，同時深知客戶想要的是——沒錯，一切都妥妥當當，而且還要快。

解決問題的下一步，是把我們選擇的東西轉譯給客戶。設計獨特的語言是繪圖。大部份的客戶看不懂建築圖面，更不用說施工圖面了。設計師必須把這項知識翻譯，清楚說明在那裡的每樣東西都是有道理的。好的設計不只是關乎功能與好惡。設計師必須用圖畫及文字，把尚未建成的環境變出來。我們必須要傳達的，不只是成果看起來是什麼樣子，也要傳達那是什麼樣的感覺，以及為什麼。

現在，客戶已經學習吸收了有關於願景、功能、物件的課程（對於物件的概念是越深入越細節越好），解決問體的場景就來到了幕後。設計師必須生成採購訂單、監工、督促。還有現場監督時一定會不斷冒出來的各種問題，充滿各種不預期的狀況。設計師必須要有高度的組織能力，並關切細節，才能讓這獨一無二、耗費人工的設計，完美地演出。這段過程的長度足以媲美母象的妊娠期。

安裝期構成了那期待已久的時刻：我們給客戶的願景變成了現實，包商已經完工、採購的物件抵達、家具擺放好了、裝飾品就定位，畫也掛好了。空間變成了那幅我們在做計劃時預想的抽象畫。如果尺度是對的、有和諧、平衡與韻律，室內設計就成為有意義的藝術，會美得讓人戰慄。它還可以激起客戶強烈的情感回應說：「這真是連做夢都想不到！」

對設計師來說，這就是走進靜物畫的生活，是所有問題解決之後的集大成。

風景如畫的大型窗戶正對著曼哈頓的中央公園，讓這間高樓公寓充滿了面西的光線。設計上的挑戰是讓光線深入公寓內部，灰棕色的中性色調加上天花板和地板精心挑選的反光表面材質，達成了這個挑戰。

Texture 質感

提摩西·布朗

TIMOTHY BROWN

根據Dictionary.com網站，質感（texture）的定義從直接易懂的：「物體表面的視覺、尤其是觸覺的特性，例如粗糙的質感」，到技術性的：「交織或交纏的線或縷所構成的紡織物，其特有的結構。」還有第三個比較微妙的定義：「在藝術作品表面，因材料的使用方式所致的視覺與觸覺特性。」

質感不只是關乎物體的觸感，像是粗硬的地毯、比利時亞麻布的簡單紋理，或是經過細細琢磨的大理石板；房間的質感也來自物件之間的互動，例如在經過霧面光處理硬木地板上的長毛地毯，或是在打磨過的大理石桌上放置粗胚上釉的花瓶。形狀和尺寸也可以是觸覺的。這些全部加在一起，創造出房間裡的風景，那是看得見、摸得著的。

只要靠近看過格哈德·里希特（Gerhard Richter）的畫作，就會瞭解隱含的質感是如何創造立體感；設計空間時也是這樣。可以觸摸、感覺的東西很重要：絲滑的、粗糙的、凸起的或是毛絨的東西，讓房間的尺度變得使用恰當且宜人。

以下是一些使用質感以強化環境的方式。質感可以引導視覺的注意力。例如，成功打造一個全白的房間，祕訣就在於不同質感元素之間，創造迷人的交互作用。柔軟與粗糙搭配、無光的配亮光的、重的與輕的結合——這些組合讓中性的房間不至於變得無聊。

房間中不平滑的質感通常會產生溫馨的感覺。絲毛地毯、帶有厚厚絨毛的天鵝絨、竹節織法的喀什米爾羊毛抱枕，這些材質不像光滑的材質那樣反光，但會讓它們包圍的房間顯得溫暖。大部分打光的表面，像是光亮的鍍鉻或是柔軟的全粒面皮革，則會製造一種涼爽的空氣感，感覺很現代。同樣一張沙發，面料是輕柔的絲布或是厚呢，看起來會變成完全不同的東西。

將反光的表面與啞光的表面平衡混搭，則會增加深度。裝飾性的石膏飾邊會和光線發生反應，自行創造出陰影與動感；但是把它和沒有動態的組合在一起，例如上啞光漆的表面，就會創造出另一種層次的視覺質感。在同一個空間中，把兩三種相同顏色的不同色調組合在一起，會造成一種色調的趣味，與單獨只用一種顏色效果大為不同。如果色調又再加上隱約的反光，放在無光的表面旁邊，那麼光線與顏色就都任你高興，可以玩出更大範圍的趣味性。

崎嶇險峭的山，顯得比單純斜面的山坡更有質感；同樣的，在你的空間中，所有東西的高度與尺度，對會對整體的形感及質感有所影響。兩側擺著相框的檯燈、幾個高度寬度各異具有雕塑感的花瓶，或是幾個不同尺度的相框組成組圖，產生出自己的視覺質感主題。而最簡單的組合，像是低矮的奧圖曼式矮凳搭配高背沙發，可以用來不顯眼地製造趣味。

質感從來就不只是一個設計元素，而是元素的組合——絲的柔軟、石牆的不規則表面、抱枕各異的尺寸等等——這些一起發揮作用，讓質感變成美個房間中最重要的成分。

換句話說，質感就是一切。

在這間位於紐約溫斯柯特的海濱屋內的門廳，白色的鑲板牆、榫槽相接的白色天花板，使這個讓人放鬆的寬敞空間具有統一感。古董松木條紋地板、野口勇（Noguchi）設計的白色紙燈籠、包覆法國繩織布的高背椅、綠白色陶器檯燈，為這個場景增添了現代的質感。

Materials 材質

泰瑞·胡齊克

TERRY HUNZIKER

我常常會把房間想成有水平線的風景，高高低低，自然的光線千變萬化，還有，也許也是最重要的：其中有各種不同的材料，各有其特性與質感。大自然中富有極大的多樣性；在森林裡，從河裡冷而光滑的石頭，到老樹那被苔蘚覆蓋的粗糙表面，任何你想像得到的材料和質感都找得到。同樣的，每間設計良好的房間都應該包含多樣的元素，結合在一起，創造出一個和諧的整體。最終我們所見、所感覺到的，會對我們訴說一個故事。

我們為室內設計的表層所選擇的材料，對於我們如何感知、使用一個空間，占有重要的地位。我們用來與世界上各種東西產生關聯的五感當中，視覺和觸覺主導了我們與材料的關係。我們每天都會看到、摸到這些材質，這是一種很親密的經驗。

對於材質的重要性，有一個很明顯的例子，是我在廿年前就有的概念。當時我買了兩間公寓，就在一棟大約一八九八年建造的磚造老旅館改造的公寓大樓裡。我把兩間公寓打通，變成四千平方英尺（約三百七十一點六平方公尺）的赤裸空間。我想保持空間開闊，不想讓裡面有太多的牆和門。這個空間以材質為重點，強調常見的與不那麼常見的材質，以非傳統的方式使用這些材質，以創造友善的視覺張力。

我使用的材質，特點是對比：熱軋鋼材、手抹威尼斯式石膏、填白橡木鑲板、預鑄混凝土、半透明玻璃板、石灰石、汽車烤漆。最重要的是，牆壁、天花板及地板都間隔八分之三英寸（約零點九五公分），沒有兩個平面會碰在一起。這個空隙強調了不同的材料，並以清楚明白的方式，處理了材料間的過渡。在對比的材料之間，這個可以呼吸的空間是必要的，如同通道一樣，讓這些材料不被牆所圍。你也會在廢棄的建築物裡看到這樣的例子：地板的表面材料突然發生變化，因為原本把它們隔開的牆已經消失了。

再把這個概念推遠一點，我想到——要是四周一片漆黑時，光靠腳下不同材料的感覺，就能引導你穿越這些空間，那會是什麼感覺？材質的過渡必須微妙，但同時也要明顯。

在我這間住宅的玄關，我用經過拋光的平滑混凝土鋪面為地板，輔以熱軋鋼材做為入口牆面及門。走進入口後十五英尺（四點五七公尺）處，有個淺淺的台階，走上台階就會踏上內嵌的鋼「地毯」（材質令人驚訝地覺得絲柔），這近似幻想般的通道通往起居空間。起居空間中，一面有威尼斯式石膏飾邊的牆宛如懸浮在空中，觸感光滑且光亮。橡木地板上局部覆蓋著柔軟的羊毛地毯，界定出起居室與書房，有點粗糙但提供良好摩擦力的劍麻材質，用來覆蓋樓梯的梯面及豎板。

建築材料是定義居住空間的元素。隨著你的每一步，材料宣告你所在之處為何。對於材料或是面料的選擇，規則並不多，但是設計師必須牢記的是，相對的材質往往也是有吸引力的：明亮的與深暗的、光滑的與粗糙的、亮面的與啞光的、溫暖的涼爽的、精緻的與工業感的。

在每個設計案中，都必須對材料多加思考，這對於創造客戶會想要在裡面住好多年的環境，是非常重要的。聰明、真誠、有創意地使用材料，發揮其豐富的可能性，以此為基礎的室內設計，才能每天都和我們對話，也才會耐久。

各種材質的組合，包括訂製的以皮革包裹搭配銅五金的門扇、皮革床頭板、理查·賴特曼（Richard Wrightman）設計的摺疊屏風，加上訂製的豬皮鑲板、木框床頭櫃，打造出這間位於紐西蘭的舒適臥室。

石灰石地板、金屬咖啡桌、皮革與填白橡木的沙發、羊毛地毯和美麗的中性紡織品，這些材質的匯合，創造出這個豐富而柔和的客廳。前景中的托盤，以及書架上的畫框，裡面擺設的是毛利人的工藝品。

Light 光線

維多利亞·哈根

VICTORIA HAGAN

從小，光線就讓我著迷。童年時，我的第一個臥室是黃色的，有一扇大窗。我還記得晴天的時候，我最喜歡光線透過窗格，在我的黃色地毯上變成一片生動的、由三角形構成的海洋。夜裡有月光的時候，淡淡的光會讓我窗外巨大、扭曲的楓樹罩上一層銀光，把它變成一座奇異的現代雕塑。讓我覺得非常神奇。我想我當時還不瞭解，讓我最開心的不只是光線本身，還有光線與物體之間的關係。光線能改變我四周一切的形狀、顏色、氣氛。光這種使物體轉變的力量，主宰了如今我的設計工作。光線就是我的謬斯，不只是工作上的，也是生活中的。

身為設計師，可以從生活的各個領域中擷取靈感。有一次我無意間看到偉大的已故瑞典電影攝影師斯文·尼克維斯特（Sven Nykvist）的一段話，讓我心折：「光可以是溫柔的，危險的，夢幻的，裸的，活的，死的，朦朧、清晰、熱的、暗的、紫羅蘭色的、春天般的、墮落的、直白的、感性的、有限的、有毒的、冷靜的、柔軟的。」我完全同意。光還可以是其他無數的形容詞。這就是光的奧妙與神奇之處。

把光的力量推進客戶的家裡，是設計師的工作。每個人都有過住在他們喜歡或不喜歡的房子裡的經驗；而我的直覺是，要是你喜歡它，幾乎都是與光線有關。相反地，要是你不喜歡它，通常也與光線有關。而且大多數時候，對大多數人來說，這都是不自覺的。身為設計師，光線在我的意識中佔據非常重要的位置。當我走進一個空間中，我首先會注意到的就是光線。我不只是看光線，我還感覺光線。

我一直很喜歡和我的兒子們一起玩拼圖：把所有的拼圖片散在桌上，從四個角開始，然後從外圍向內拼。這是一個過程。室內設計就很像是一個很複雜但有趣的拼圖，把物件放在正確的位置上，裡面有顏色、質感、尺度、材質的對照等；然後光線進入這個拼圖，使其產生變化。這也是一個過程。光線一定會影響的是顏色，因為顏色和光線密不可分。身為設計師，我以使用明亮顏色與柔和色調而出名，這一點總是讓我很驚訝。因為老實說，我只有在生涯的早期設計過唯一一間白色的房間。

雖然我的工作中也包含了隱約與幽微，但我的設計案都是以生氣盎然為目標，而色調則依客戶而各有不同。我認為人們從我的作品照片中感受到的，是光線，而且這是我有意為之。眾所週知，光線在白天是會變化的，而顏色的飽和度也會隨之而變。深紅酒色可以變成唇膏紅、龍蝦紅、或是深海珊瑚紅，全依光線而定。光線不斷地改變，每分鐘、每小時、一整天、一整年，不斷地變化；就如同生活一樣。在設計中做決定時，絕對要把光的力量列入考慮。

我還記得小時候，母親帶我去紐約市的博物館，其中維梅爾的作品特別讓我驚歎。維梅爾的畫作以對光線的描繪聞名，但對我來說，我意會到的是他描繪的是一天當中的某一個時刻——在那個畫面中，生活正在發生；有種經驗正在進行中，讓人無法不置身其中。身為室內設計師，驅動我們的不是創造一個美麗的畫面，我想要的是為我的客戶創造一個經驗。不論是在山上的村野隱廬、微風陣陣的海濱屋，或是曼哈頓時尚的閣樓，我的設計

優美的自然光線從法式落地窗灑入，使這間位於紐約街屋中的客廳裡充滿了天光。一對卡爾·施普林格（Karl Springer）設計的有機玻璃椅，及一張在附近的古董店裡找到的橫條古舊椅子，使黑與乳白的色調主題顯得完整。沙發後方掛的藝術品是約瑟夫·科斯特（Joseph Kosuth）的作品。

決定總是受到光線的啟發。我喜歡紐約長島光線的顏色與質感，它不同於南塔克特的光線，南塔克特的光又不同於洛杉磯的，洛杉磯的又與巴黎的有別，以此類推。

在我的職業生涯中，有幸和非常有才華的建築師合作，我確信他們都像我一樣，會證明光線既非傳統也非現代。光線無視於設計的區別，但它又能改變室內的每一刻，超越時間與空間。我把光線視為唯一真正永恆的設計元素。

Relationships 關係

貝瑞·狄克森
BARRY DIXON

美國政府系統、基督三位一體、等邊三角形——這三者的共同點（當運作良好時），就是一種特殊的三者平衡。理想的家也不例外。好的狀況下，它是人、地方與結構的完美平衡。

最高級別的室內設計師也有這種平衡的功力，這種能力讓他們能意會無形的複雜性、看不見的氣氛，把這些與物體顯而易見的表面完美地結合起來。設計師各有各的做法，因為我們的設計心智是個人歷史的產物。我們學得的美學真理是受到固有的偏好、獲得的品味、無法磨滅的連結與獨特的觀點所塑造、琢磨。這些全都融匯成設計小腦中的無意識集合，湧現成為我們的個人風格。客戶因我們的個人風格（也就是我們獨一無二的過濾器），而聘請我們。在設計客戶的家時必須做的決定，全都會經過這個過濾器，轉化為最終的目標，也就是客戶的家，獨一無二專屬一家。

為了達成這個目的，我們必須使設計師的檢查與平衡系統有效運作，而最好辦法就是透過三個重要關係的齊頭並進，這三種關係攸關設計的成功與否。

首先，是「家」與「地方」的關係。

家可以是一棟房子、一間公寓、豪宅、小屋，可以是一間房間，也可以是迷宮般的許多房間。而這個地方可能是在城市裡、農場上，在半空中或是在地上，可能是熱也可能是冷、乾旱的或熱帶的，在樹林裡、海邊，或是在偏僻的山坡上，視野一望無際。設計師擔任的最主要的角色之一，就是讓「家」與「地方」完美地結合。家透過它的「窗眼」所見的必須加以考慮，並帶入室內，可以是抽象或是其他的方式，讓個領域能生根、從屬。家必須尊重它所在的地方。

第二，設計師必須考慮「家」與「居住者」之間的關係。家的精神和地方合而為一之後，還必須與業主的精神契合。設計師必須培養對房子本身親密的瞭解，它是新是舊、是大或小、十分巨大或是小於一般、光線滿溢或是黑暗、華麗或是簡樸。它是忠於原始的美學，或是堆疊了每個時期不同的錯誤決定？它是建築中的瑰寶或是謎團？這只是設計師必須衡量的眾多問題當中最重要的幾項。最棒的設計師服務客戶時，還有更深、隱而未現的層次要去瞭解。這個屋子的精髓是什麼？它的個性或靈魂又是什麼？

在這個階段，也是設計師的能力被驗證的時候。對於裝潢史及建築史的知識、對比例與尺度有可靠的真誠，這些讓一個設計師能夠使用「家」的語言。不同的家有不同的語言。老房子會對我們說悄悄話，告訴我們什麼樣的新做法會讓它覺得自在。有時候老房子也會懇求我們，讓它從如同酷刑一般的翻新結果中解脫出來，乞求讓它回到從前的榮光，再加上合理的現代化配備升級。老房子既年長又有智慧，它們有過不同的生活，知道自己過去的樣子、現在如何、未來又可以怎樣。相反地，新房子有新的靈魂，既勇敢又充滿活力，就像需要訓練、引導的幼犬。它們沒有歷史，也沒有浪漫的低語；但它們也沒有戰鬥的傷痕；它們還純潔，也比較接近建築師原始的意圖。它們有年輕、活力與力量的優勢。

是什麼構成了客戶的靈魂？最重要的是，去瞭解將要住在這間房子中的人類的心靈，這些人會將生命氣息吹入此領域中，把它變

淡綠色的義大利慕拉諾玻璃吊燈，是向Barovier&Toso訂製的。該諧的壁爐架是十八世紀的義大利製品，透過舊金山的艾德·哈迪（Ed Hardy）尋獲。座椅覆以各種冰藍色圖案的布料，擺放的方式適合休閒，也適合親密的對話。

成一個家。設計師必須將這兩者完美的結合在一起，成為一個有福的整體；唯有對這兩者有深入的理解，才有可能。

設計師的工作中，第三個最重要的關係是設計師與客戶的關係。設計成功與否的責任，在設計師的身上。設計師每天都在做設計。但是對於尋求設計師引導的客戶來說，久久才發生一次，他們竭盡全力，過程也許享受也許不是。設計師有發球權，唯有瞭解和我們合作的客戶是怎樣的人，才能取得對他們生活領域的發言權。

為了得到這樣的權利，我們必須仔細傾聽客戶說的話，辨明他們的希望與渴望，尤其是隱而未顯的那些。我們將那些最基本的東西製表，包括家庭成員、現有的家具、預算、形式，用來計算他們需求的準確位階。他們是什麼樣的人、又喜歡些什麼？

傾聽、觀看、注意、並記住。高級訂製服的一個基本要點，就是服裝襯托主人，而不是服裝喧賓奪主。「高級訂製家」的規則也是一樣，家應該襯托主人，完美地配合業主，就如同配合家在地上的所在一樣。最終，這種竭盡全力所帶來的成功、也是我們受聘必須確保的，就是避免變成完美但缺乏個性的樣品屋，那種一以概之樣板式的室內設計。打造獨一無二、超卓不凡、經得起時間考驗的個人領域，其過程融合了過去與未來、個人與個性，還要加上家以及家主的心與靈。

地中海風的物件構成具有風格的陣列，佔據了這間起居室。包括了摩洛哥、威尼斯、土耳其、西班牙、希臘羅馬的各種風格，全都以各種黃色的色調達成統一。厚墊圓椅上以圓釘組成的希臘回紋圖案，是靈光一現的裝飾收尾。

206

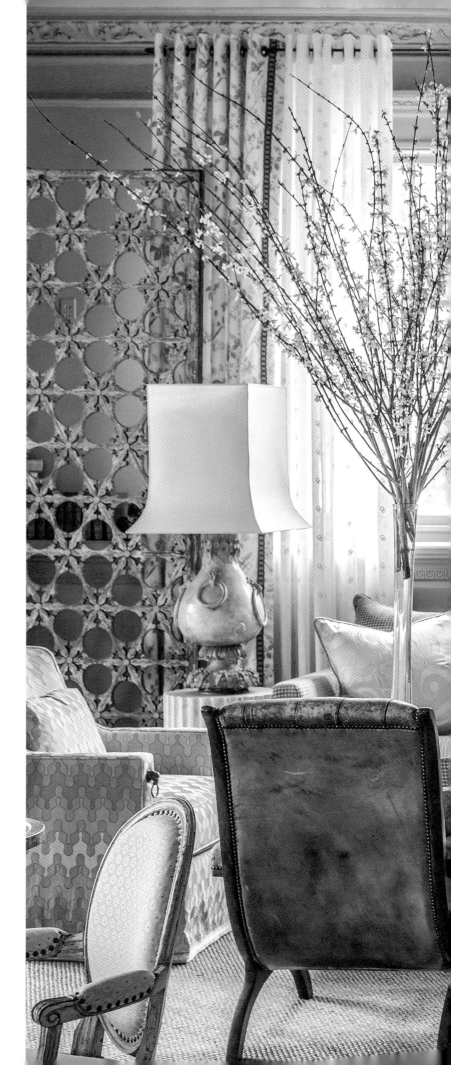

The Reveal 揭曉

安東尼·科赫倫
ANTHONY COCHRAN

我喜歡讓我的客戶流淚。謝天謝地，他們都是因為喜極而泣；因為我偏好室內設計揭曉時的戲劇化，而不是戲劇化的專業關係。在室內設計這一行，沒有什麼比設計師迎接客戶回到他們重新裝潢的家，並看到他們環顧四周、立刻愛上新家，那一刻的高潮更令人心滿意足的了。

我用「愛上」這個詞，因為覺得開心只不是過基本的滿意而已。真正的目標是，讓客戶覺得經過重新設計的家不止完全符合他們想要的，更超出他們的想像。要達到這個完美、澄澈的一刻，祕訣是：設計必須真正、確實地完成了。不止預期的待辦事項都達成了，一樣重要的還有一大堆的小細節，那些客戶做夢也想不到會被同樣巧妙地照顧到的。這些細節就像是蛋糕上的裝飾——誰會想要吃沒有裝飾的蛋糕呢？

改造一間房子從來就不只是沙發、椅子、鏡子、窗戶怎麼處理的問題。這些問題當然也很重要，但是真正的差別在於，這些物件是如何被擺在一起，以正確的尺度與感性，再加上裝飾、藝術品，以及日常生活的瑣事，甚至包括看似不重要的東西，像是面紙盒。例如，房子裡會有香氛嗎？書架上的書怎麼排列？有沒有花？當客戶第一次打開冰箱時，裡面會有什麼？（答案是：一瓶香檳。畢竟，在這個四面牆中即將展開新生活，值得慶祝。）

有很多室內設計的客戶從來不曾經歷過這一刻。「你買家具和地毯就好，其他我們會處理。」客戶會這樣對設計師說。「我已經有裝飾品了」、「我會想辦法的」他們會這麼說。他們沒有享受過那揭曉的一刻，重新走進被賦予新概念的他們的家。這些客戶也從來不曾真正地瞭解，為何自己對於這樣的結果只是模模糊糊地開心，而不是像原本預期的那樣激動。他們缺少的是那轉換的魔法，那只有當有人負責全面監督，並將一個家完整地組合起來時，才會發生。

將一個設計案完整地呈現出來，這不是我原創的，我是跟兩位大師學來的。在我的生涯早期很幸運能先後為約翰·薩拉提諾及維多利亞·哈根工作。他們在設計案完工前的一星期，會要求客戶離開這個未完成的施工現場，甚至在此期間完全禁止靠近。等到客戶再回來的時候，夢想成真了。而且再接下來的幾天當中，客戶會一再地打電話來，興奮地報告他們又發現了一個小細節。「你是怎麼做到的？」客戶會這麼問。我的導師知道答案，它很縹緲卻又很真實：因為設計的每個面向都經過徹底的考慮。

客戶選擇某一室內設計師的理由有很多，包括名聲、推薦、類似的品味或是讓人認同的品味等等，方程式總是不同。但沒有人會選擇自己不信任的設計師，而設計師也絕不會輕視自己的專業高度。室內設計師所提供的，不只是專業的訓練及多年經驗，還有嶄新的目光，不斷地想方設法發散又整合、更新並改進視覺效果以及客戶的生活。融合風格與品味、年代與主題、家具與個人物件，這些都是每天的工作內容。所以，讓設計師從一開始一路執行到「揭幕」，值得付出信任與努力。因為所有偉大的設計師都會這樣告訴你——沒有什麼比得上喜悅的淚水。

絲、絨、喀什米爾羊毛、亞麻，呈現出複雜的霧面色調，靈感來源是暮色中的自然景象。精心挑選的物件，與單身的業主產生對話。

Pattern 圖案

馬克漢‧羅伯茨

MARKHAM ROBERTS

對我來說，圖案是興趣。是深度也是維度。是挑逗。

圖案無所不在，在每樣東西上都可以見到，布料、家具、藝術品、風景中樹的位置、田野中草的搖曳，不一而足。

我在設計花園或是組合布料時，很喜歡拿不同種類的圖案來玩。將不同尺度及顏色的鮮明圖案放在一起，或是比較隱約地用相同色調的各種紋理來組合，或是在這兩者之間的任何一種。只要找出哪一種適合你就行。

圖案可以引發情緒反應，即便只是在潛意識中，圖案也是很有力量的。例如，條紋圖案會有種韻律、平靜感。一如波茨坦的夏洛滕霍夫宮的帳篷房間，那種有條有理、幾乎是軍事一般的外觀；或是想像一下條紋圖案覆蓋牆壁或是家具時，那種令人心滿意足、帥氣的重複性。

相對地，花卉的圖案會讓我們想起四周的環境，闡釋或是反映出自然之美，讓身為人類的我們深受吸引。這些圖案可以是明亮的、歡欣的、有活力的，也可以是比較保守的、陰暗的。其他的圖案，像是圖勒（toiles，法國繪畫圖案）、伊卡（ikats，東亞及南亞紮線段染）、蘇薩尼（suzanis，中亞部落織品）、中國的景物繪畫等圖案，可以把我們帶到遠方。

圖案甚至可以用來變身。舉例來說，在喬治亞時期的扶手椅上，包覆非洲部落圖案的印花布料，就會讓熟悉的舊樣式擁有新生命，並減輕可能會有的歷史沉重感。圖案用在出人意料之處，可以讓一件老家具變得比較酷、比較不那麼死板。

常有人問我，我是怎麼把圖案混搭在一起的，而我總是沒有什麼答案。在我認為，混搭圖案比較像是藝術，而比較不像食譜。它沒有指導原則，也沒有牢靠的規則，除了不要把醜惡的東西放在一起之外。認真說來，依照每種狀況的不同，圖案如何混搭是相對且特別的。所以我會說，就是去看著那樣東西，看看在美學上它有何吸引力。

我用非常大膽、明顯、混搭圖案設計房間。我喜愛挑戰有各種事情發生的大房間，從牆壁、地毯到家具面料及窗簾布料的多種層次，再加上藝術品及配件，你就有了一個複雜的圖案系統，它們彼此合作無間使房間變得美麗。

或者，當你設計的房間用意是要讓人完全地平靜時，使用不明顯的圖案、低調的細節，會帶來視覺上的趣味並減少落入單調的風險。就連企圖使人緩緩入睡的房間，也不代表眼睛就要忍受沒有圖案的無趣。我會使用紋理當作圖案，並仰賴房間裡的其他東西去達到那種我的眼睛所渴求的相互作用。例如不同的家具各異的形狀，也可以達到如圖案明顯的布料發揮的挑逗作用。

不論是哪一種狀況，不論是明顯或是隱約，房間需要這種視覺上的趣味，其結果才會在整體上使人愉悅。我設計過的一間房間，特別能展現出我對於圖案整體性的看法。在第四十二屆基普斯灣居家裝飾展中，我選了史丹福‧懷特（Stanford White）設計的維拉德大宅內，頂樓一間小型、有法式鑲板的房間。

我採用青綠色的單一色調，並用羊毛質感包覆內嵌的鑲板，強調壁板秀麗的效果。此舉漂亮地襯托了漆上斑駁青綠色亮面漆的壁

面木工，也構成了我掛在牆上那些藝術品的絕佳背景。不同形狀與不同種類的畫框，壁版的排列組合、再加上不同形狀與種類的畫框內各式各樣的藝術作品，構成了有趣的安排，不論觀者是整體瀏覽，或靠近審視皆宜。

因為牆壁上原本就有各種圖形，所以我必須用整體性的圖案，讓地板與天花板能產生平衡效果，讓視覺放鬆。虎皮地毯及軟木天花板互相平衡，並輔助了房間其餘地方強烈的青綠色。家具及家飾品混合的風格、擺放方式、與房內其他東西的關係，提供了最後一個層次的圖案。

不論是用狂野、各異的印花與形狀創造主題複雜的房間，或是設計一個小而恬靜的空間，圖案都是關鍵，試著使用它會讓一切都活過來。

位於納許維爾的這間房子裡的家庭房，牆壁以喀什米爾呢包覆。兩張俱樂部椅面料上包覆著Quadrille品牌的布料，上面的圖案強化了房間咖啡乳白色調主題。喬治亞時代的古董扶手椅包覆的布料，是由同樣是室內設計師的蘇珊娜·萊因斯坦所設計。

Expectations 期望

保羅·西斯金

PAUL SISKIN

在室內設計的創意過程中，有許許多多的因素會加進來：客戶的希望與預算、功能、環境、空間的限制等，這些是設計的考慮項目中最重要的幾項。好的設計必須將所有因素納入方程式中，整合成一個解決方案，這方案不僅要符合客戶的基本需求，還要達到客戶的期望，這期望可能包括對美、對回應社會期待、對轉換生活方式的更深一層渴望。

話雖如此，設計師也必須衡量客戶的期望是否合乎現實。

例如說，有一次我和一位潛在的客戶面談，她買了一間位於曼哈頓的兩房公寓，坐落在市中心戰後蓋的白色磚造建築裡。會面之前我要求她帶一些她喜歡的空間或是家具的照片，是她會想放進新家的設計中的。她帶來的第一張圖片是很受歡迎的影集《唐頓莊園》中的大廳。我試著向她解釋，這是風馬牛不相及的兩件事，應該沒有什麼魔法可以在她那間天花板高八呎兩寸（約二點四九米）的公寓中，變出唐頓莊園中那高敞的接待廳。最後，那位客戶決定不要跟我配合，這也許是最好的解方，因為我相信，好的設計師會瞭解空間以及個人能力的侷限。

客戶對於新家之餘於他們的生活方式會有什麼影響，可能也會有不切實際的期望。

另外一次，有一對年輕夫妻買了一棟布雜藝術風格的街屋。那位女主人對我展示建築師的平面設計圖，一邊描述在這間新家裡會有的新生活方式。她訴說未來家裡的晚宴會如何進行：客人們先在起居室裡喝雞尾酒，然後在餐廳裡用晚餐，最後挪到書房裡喝咖啡或餐後飲料。還有，當然囉，他們的好朋友會留下來，在家庭劇院室裡和他們一起看電影。此時，那位先生出面了，指出他們根本就不愛交際。

設計師的職責之一，是確保客戶瞭解他或她的新空間的侷限。舉例來說，我可以在公寓裡設計儲藏空間，但是每天要收拾東西的，還是客戶本人。

毫無疑問，財務狀況及環境改變，可能帶來一種新的生活方式；但這些改變都是由人本身所驅動的，而不是反過來。這是為某人做設計時一個很重要的因素，但這個話題很敏感，也很難傳達。隨著時間累積，我和客戶的關係越來越放鬆的時候，就會變得比要容易溝通；但是這個概念我會盡可能及早解釋清楚。

我的設計，大部份的方向都是從個別的客戶而來。我的作品無法輕易識別是出自我手，這一點讓我覺得很驕傲。我幫忙創造畫布，而畫面是由客戶完成。客戶在過程中的參與，以及清楚、不斷地溝通客戶的期望，那才會讓設計變成客戶的家，而不是我事務所的展示間。

這棟房子位於紐約的哈德遜河谷，舒適的起居空間有從地板高及天花板的窗戶，將蔥蘢的室外景致引入室內。微妙的褐灰色調與窗外露台的石鋪面呼應，更加深了室內外一體的感覺。

Commissions 委製

艾米·勞烏

AMY LAU

近年來,我都可以看著雜誌裡的室內照片,說出裡面那些元素是從哪裡買的。很多設計案中的家具和陳設,都是直接從製造商的目錄,或是網路上找來的。不過,要是你有能力,決心要一個非比尋常的家,摒棄常見的俗套,那麼,藝術家和匠師可以幫助你打造一個獨一無二的室內空間。

和藝術家合作會為室內設計帶來無與倫比的工藝與創意。與其買現成的布料當沙發面料,為何不找一位織匠,用奢華的棉與絲混合,織成獨一無二的大毛圈布呢?抱枕為什麼不可以漂亮到可以裱框當藝術品呢?當然你也可以用老織品當枕頭面料,但為什麼不委託一位藝術家呢?加州的織品設計師勞倫·桑德斯(Lauren Saunders)會用針織羊毛或是在刺繡天鵝絨上用毛氈貼花,製作工藝精湛的抱枕。在一間位於芝加哥的宴會廳中,她為抱枕縫上自創的放射圖案,以呼應背後牆上的廿世紀中期的雕塑作品。

雖然這些人可能令人望之卻步,但其實像勞倫這樣的人會接受委製訂單,而且覺得與人合作是件雀躍的事。實際上,很多小型的工廠都很樂意有機會搞創意;你只需拿起電話而已。現代主義的金屬工匠希拉斯·塞納德(Silas Seandel)可能會同意製作咖啡桌的銅框架,上面架上烏拉圭出產的大型瑪瑙板。要是你夠幸運有個挑高兩層樓的客廳,像馬爾科姆·席爾(Malcolm Hill)這樣知名的畫家兼雕塑家,就可以在視線之上的長形牆面上創作立體浮雕。

有時,你想要的物件市場上找不到,這時找工藝師幫忙就是解決之道。我最愛的一次

委製,也是我最早期的一次,是為紐約一個喜愛東方哲學的客戶,訂製一座當代藝術的壁爐架。那座壁爐架以不對稱的設計響應自然,使用了邊緣粗糙的實木板,並保留了原本樹皮之下的自然的隆起與線條。泰勒·海斯(Tyler Hays)是紐約工藝家具(BDDW)了不起的創辦人,他這座用北加州胡桃木製作的壁爐架,邊緣富有生命力;為這間我為其注入亞洲靈感的紐約閣樓平添了一股禪意。

合作時,預先計劃是不會徒勞的。你可以在描圖紙上畫出一比一的訂製地毯構圖;也可以用藍色紙膠帶貼在房間地板上,以瞭解比例與尺度。測繪圖有幫助,但是比不上和工藝師一起,在一個空間中爬上梯子製作吊燈。如果工藝師不能親臨現場做設計,那麼就提供詳盡的說明與照片,幫他們找到靈感。在合作進行中,將會議中的草圖存檔,並記錄下關鍵的對話。最後,一定要記得在製作過程中拍下大量的記錄照片,之後供所有相關人士參考。

我委製家具的經驗證明這是值得的,尤其是在重要的屋子裡的大型房間裡。和一位家具設計師合作,為整個房間製作一組獨一無二的家具擺設,就能讓你的室內設計變得現代化。能和這種層級的創意靠這麼近,真是一件賞心悅目的事。這樣產生的訂製家具也更讓人激賞。除了創意的獎勵之外,客戶委製的物件其價值也只會越來越高。有些物件最終可能會進入博物館、拍賣會、精緻家具的藝廊。有一件事是可以確定的:這些委製物件將會成為未來的傳家寶。

勞烏委託知名家具設計師瓦底米爾·卡根(Vladimir Kagan)製作這張不對稱的沙發。上方是一盞尺度絕佳的吊燈,由燈具設計師林賽·阿德曼(Lindsey Adelman)為這個空間客製化而成。

Quality 品質

泰德·海斯

THAD HAYES

這是紐約市皮埃爾酒店內的公寓，藝術家歐德·努壯（Odd Nerdrum）的作品映在玄關的鏡子裡。天花板上的燈具、壁燭台、懸浮檯面及長椅，都是為此空間特別設計的。

下頁：這間素樸的頂樓公寓位於第五大道上，中性的整體色調成為當代藝術品的背景，這些藝術品包括羅斯·布萊克爾（Ross Bleckner）及哈蘭德·米勒（Harland Miller）的畫作。咖啡桌上的擺飾是皇家哥本哈根名瓷（Royal Copenhagen）。

在我們這一行鮮少談到的一個問題，就是慣於大量使用一次性材質，使用這種材質製造的劣質物件通常不持久、不經用，最後總是被丟棄。我們這些現代的消費者有個不幸的傾向，就是把東西丟掉然後再買新的。沙發的面料經過幾年之後，被用得髒兮兮，該怎麼辦？我們是把沙發丟掉，還是買新的面料把沙發重新繃過？答案當然不是把沙發丟掉，因為品質好的沙發可以耐用三十年，換面料才是合理的選擇。舉例來說，我就很開心從我母親那兒接收了兩張五〇年代的俱樂部椅，它們只需要輕微的整修和翻新。在大蕭條時期，「不浪費就不欠缺」的概念很普及，六〇年代時在美國人的意識中占有重要的一席之地。在那段時期，舊家具會被整理、整修，或是重新繃皮。尋求做得好、經久耐用的東西並不一定是奢侈，反而是以品質取代數量，並且仔細照顧你擁有的東西。我已經不知道看過幾次，那些背景並不特別富裕的親朋好友們秉持這種態度，他們有好的品味去購買精良的物品，不論是一張椅子或是一件上衣。

替沙發換面料、替檯燈換罩子、為桌子重新上漆、為銅件打造零件，從事這些工作手藝精湛的匠師們正在逐漸凋零；他們的工作被大量製造的劣等產品取代。最近有一次，我們在辦公室裡坐下來開雙月會議，第一件要務就是討論找尋新的燈罩製造者。這類的工藝匠師數量越來越少，他們和我們配合，挑選各種顏色、質感各異的幾十種絲質、麻布、紙張，用來包裹燈骨架，那些都是為某個形狀與樣式特別的檯燈訂製的，用帶、線、繩、小物加以裝飾，或單純保持簡單而樸素。設計燈罩

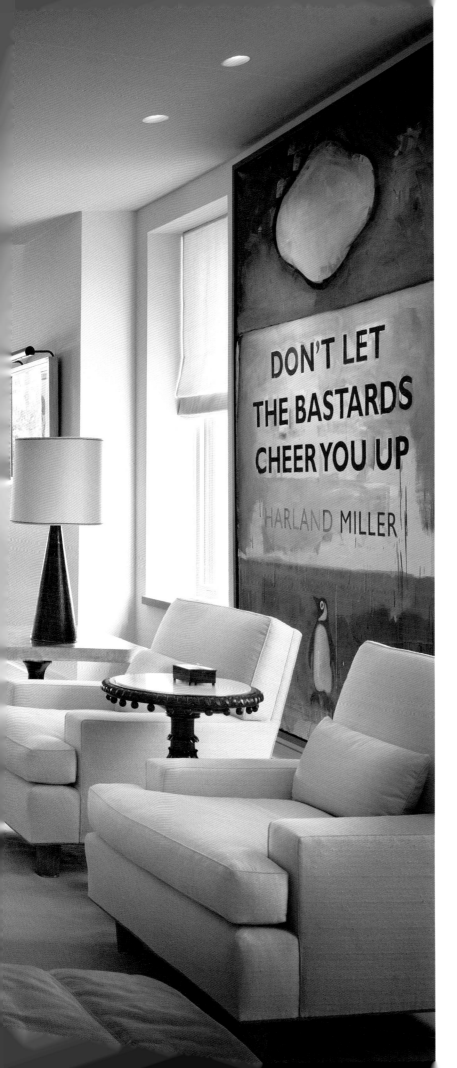

的過程，很類似過去的時代裡，你會在精品店裡見到的那些神奇的女帽工匠的工作。然而，這些我們從八〇年代中期開業時就開始配合的特殊燈罩商家，都已經不在了。一部分的原因是缺少支援這種專業的技術與工藝訓練，但也有可能是因為人們降格接受比較便宜、大量製造、品質較差的燈罩，這些粗糙的燈罩基本上和燈或是燈的意涵都沒什麼關係。

當我們仰賴網路上的產品資訊指引、在網路上購買，就開始與眼睛所見的、設計中所需要的、真實的東西脫節，無論是水槽零件、瓷磚、石材或古董都是一樣。電腦所呈現的網路上的物件，並不能讓我們知道它的觸感、重量、比例、完整性及工藝。越是參考網路上的產品和貨品，我們就越無法觸及真實物體的精髓。

設計師必須留心物件如何組合、如何發揮其功能。我們不止創造美麗、有趣、引人入勝的空間及物件，還必須確保施做的技術是堅實、耐久的。我們的圖面必須傳達細節，讓承包商知道如何、怎樣施工。施工圖必須呈現東西組合與安裝的確切方式。貼皮和各種簡便工法越來越常見，但這樣的東西往往不能用、看起來破破爛爛，或是交件之後很快就壞了。我們必須知道何處該使用實木、怎樣的貼皮合適，而不影響物件的整體性及使用壽命。這些我們設計創造的東西，最理想的是能隨著時間而產生讓物件更有觸感、更豪華的歲月痕跡。

在大量消費、大量可拋的文化中，擁有某種堅實的、製作精良的、耐久的東西，能在這個易變的世界中，讓我們的存在更有意義與重量，強化我們對自己的正面評價。我們必須回頭採用某些傳統方式以製造物品，才保持我們專業的誠信，並確保品質所受到的珍視與維繫，是超越一切之上。

Editing 編排

珍・許瓦博與辛蒂・史密斯

JANE SCHWAB *and* CINDY SMITH

這間房子位於北卡羅萊納州夏洛特，客廳非常適合小團體或大型聚會。巨大的石灰石壁爐及石膏牆面與土耳其古董地毯很協調，成為房間內色調的基礎。

右頁：這間屋子位於佛羅里達，帕拉底奧式的窗戶面對著花園。牆壁漆成乳白色，窗框及門框是天然的石灰石。

我們國家的人把一心多用發揮到極致，把生活加速到讓人頭暈目眩的速度。時間對我們來說是很寶貴的，因此，能有機會和對我們來說重要的人在家中共度，那樣的機會是很難得的。今時更甚以往，家不止要促進我們的日常生活，還要提供我們一處避難所，讓我們可以從瘋狂的世界抽離，或是彼此聚在一起。

我們認為房間應該被微調到能夠反映主人的個性，並提供平靜與舒適的感覺。室內應該要適合談話，而不是壓過談話。知名的設計師希碧爾・寇法克斯（Sibyl Colefax）曾經寫道：「屋內的一切，都應該簡單但巧妙地設計成讓生活可以輕易地流動。」這一點我們深有同感。輕鬆的室內，唯有透過精心的編排才能達到。

優雅的安穩，是明智的編排之下的產物，也是歷史感設計中深植的概念。美國第三任總統湯馬斯・傑弗遜深深著迷於希臘羅馬式建築的莊嚴簡潔與經典傳世，於是鼓勵美國早期的公共建築援引此式樣為基礎。希臘人採用了數學關係，創造出的空間尺度系統能激發人與生俱來的美感及和諧感。希臘式的設計中也體現了克制與節度。如今當我們在編排一個家時，這種明晰、簡單、平衡、通過時間考驗的希臘式原則，是我們的標竿。英國維多利亞時代藝術與工藝運動的創始人威廉・莫里斯（William Morris）就曾經說過：「在家中不要有任何你不知道其功能、或是不覺得美麗的東西。」

為了簡單而精心編排並不會導致平淡。物體可以是精美而吸引人，但不是小題大做的。不論是精緻或素樸，房間的組成中總能增添比例上的或形狀上的美。當我們在編排的時候，會自問：這個物件是否與我們的對這個房間的願景相合？

為了平衡而精心編排是一種空間上的考量。我們努力達到一種讓人聯想起古典比例之美的平衡。我們會自問：空間中有讓視線休息的地方嗎？每樣東西都不該爭著引人注意，一個房間的比例應該讓視覺能放鬆。當眼睛有了喘息的空間，才更能凸顯物件的獨特。

為了美而精心編排是設計過程中關鍵的部分。需要花時間練習才能學會，如何走進一個擁擠的市場，挑選出特別而非普通的東西。

出自真正的藝術家、傳遞創造力的物件，總是讓我們驚歎不已。藝術家透過支腳的彎曲、精湛的雕刻，或是精美的五金，並加諸恰好不過度的克制，傳達其視界。痕跡是時間增添的附筆，讓我們不禁對曾經碰觸過這些物件的生命感到好奇。我們尋找能增添層次，或

是促進流暢的明顯質感。我們常常被不平凡的東西吸引，這些東西是由真實的材料製成：骨、木、石、銀、瓷等等，它們擁有真正的裝飾價值。

仔細選擇天生美麗的物體，同時移除不相干的東西，讓房間可以呼吸，其中的人也能享受房間的組成。編排不只是關乎美，也是關乎房間裡的人受其引發的感受。

Layering 層次

亞歷克斯‧帕帕查理斯提迪斯

ALEX PAPACHRISTIDIS

創造多層次的室內空間對我來說感覺很自然,但也需要紀律和想像力。不論我裝潢的是戰前蓋的曼哈頓公寓,或是現代的鄉村屋,其中混合了古董、現代藝術、客製化家具陳設的多元層次,賦予一個家深度與個性。

但是多層次的做法與折衷主義有別,前者是更細緻而深思熟慮的。

在一間順當的多層次房間裡,每樣東西都合而為一,而沒有一樣東西是特別明顯或勝出的。多層次的目標是達到和諧與平衡,透過質感的組合、細心混合反光面與啞光面、有圖案的布料及實體。各種不同的表面,如陶瓷、大理石、銅、水晶或是漆面、鋼、羊皮紙等等,彼此勢均力敵又互為補充。房間應該有種收藏的感覺,所以應避免成對的組合。如果餐桌是深色的木頭製成,那就用上漆或是包覆軟墊的餐椅圍繞它。房間裡不應該看起來有太多成對的。但是壁燭台和床邊檯燈例外。

對優雅的熱情讓我成為一個很傳統的設計師,在很多方面來說都是如此。我深受十八世紀吸引,某些史上設計最美的家具就是誕生在這個年代,例如大膽又細膩的威廉肯特式壁架,還有十八世紀清爽優雅、銅鍍金的格列狄克(Geridon)式桌子。在我心目中,就連最棒的現代家具,也都參考了十八世紀家具的形狀和輪廓,因為它們有經典又耐久的本質。路易十六時代的椅子和兩百年後的尚米歇爾‧法蘭克或是迪亞戈‧賈可梅堤(Diego Gia-cometti)設計的家具,也讓人意外地很互補。我還發現,把來自不同時期、不同國家的古典家具混搭,也很自然;不論是法國、俄羅斯或瑞典的,它們可以有無盡的組合方式,而不會看起來死氣沉沉或是落入俗套。

英國、法國與葡萄牙的古董,彼此特別地融洽,混在一起非常美。這些古董反映了古早以前的貿易路線,激起人對歷史的品味;當時統治世界的那些人,會從世界各國搜羅精品中的精品。畢竟,好的品味是沒有國界的。

創造層次的做法,少不了圖案與質感的演出。枕頭的正面與背面永遠都應該要有不同的布料;軟墊包覆的法式扶手椅和餐椅也是一樣。我的沙發常常都用上五、六種不同的面料;我會從一塊布上裁下一塊我喜歡的圖案,然後把它縫到另一塊布上。燈罩應該是絲質或是棉質的,最好是客製的,並以花邊或是流蘇裝飾。

這些小修飾你可能不會馬上注意到,但就創造一個獨特、多層次的環境來說,絕對少不了。

房間的設計應該有個性。從會說話的家具與藝術品、古董中汲取靈感,因為每個物件的來源都會說故事,它們會讓人想起另一個時空的浪漫。此外,古董是「環保的」。它們已經存在,客戶會很高興用最精緻的方式做「資源回收」。

就算是從草圖開始設計,你裝潢的房間看起來也不會是完成的或是全新的。設計不變的目標就是創造可以演變的空間;假設後來你對十七世紀的中國瓷器或是當代藝術產生了興趣,這些新的物件也可以無縫地融入空間中。

我喜歡不矛盾的對照,作為層次良好的設計中的常數。例如在一張沉重的劍麻織造地毯上放一張豪華的刺繡沙發或是鍍金家

在這間多層次的曼哈頓的書房裡,醒目的紅與灰色V形圖案地毯、沙發上的紮線段染絲質抱枕、對稱的壁架上亮黃色陶質石獅,在暗色牆壁的烘托下更顯活潑。

下頁:在這間位於曼哈頓街屋中的書房,牆上朱利安‧施納貝爾(Julian Schnabel)的畫作,為原本如同舊世界的房間帶來了現代風情。藍灰色亞麻絲絨沙發,搭配銀光緞面構成幾何圖案的抱枕。獅爪扶手椅及奧圖曼式矮凳則力主傳統。

MORE IS MORE
TONY DUQUETTE
İPEK *The Crescent & the Rose*
Allure Diana Vreeland

BALS

具；我也喜歡牆壁裱貼著布料的房間，搭配裸露出木頭組成圖案的地板。我常常把簡單的竹簾掛在窗戶上，兩旁襯著精緻有飾邊的絲綢窗簾。在手工染的印度地毯上，放置十八世紀荷蘭的鑲嵌桌，旁邊擺放廿世紀的日本雕塑，讓一切都變得更有趣了。

裝飾是藝術，不是科學。規則就是用來打破的。目標就是創造一間反映出你的感性的房間。敞開心胸面對所有的可能性，用精心挑選的布料、家具、藝術品層層疊疊，以創造出個人化、展現收藏品、奢華的、經得起時間考驗的家。

ELEMENTS

元素

Collecting 收集

南希·布萊斯偉德

NANCY BRAITHWAITE

好奇是人類天性中的奇蹟之一。好奇心精力旺盛，它餵養人的智識，點燃人的興趣。對於創造力、原創性以及獨特性，好奇心都是關鍵。可以確定的是，對一個收藏家所需的教育來說，好奇心絕對打頭陣；因為唯有透過好奇心，才能發展出訓練有素、知識淵博的眼睛，進而成為一個成功的收藏家。

要建立一套引人注目的收藏，收藏家必須擁有比較與評估該物件的知識。博物館是絕佳的知識庫，擁有龐大的收藏、精挑細選的物件，能教授我們許許多多人類殫精竭力的成果。歷史建築，不論是堂皇的或是樸實的，也是一樣。

設計師的自宅，其中的美國古董收藏品，以有形之物的方式呈現了文化與歷史。手工繪製的牆面讓人聯想起美國早期的裝飾傳統。臥榻是罕見的十八世紀的物件。

收藏是一種熱情、一種追尋，是勢在必得，熱切期望有所斬獲。一個收藏家總是在尋找獵物。每個認真的收藏家都還在著等那件最偉大的收藏品——也就是說，下一件會更好。

收藏品的範圍和人類的創造力一樣無窮。你可以純粹為了裝飾的目的收藏，或是為了更加嚴肅的目的而收藏。歷史上的每個時期都有物件可以成為藏家眼中的種子或是主線。收藏古董就等於是在獲取並吸收歷史，並且住在其中。收藏古董也是照顧以前有過別種生活的物品，並且它在離開我們之後，還會有其他的生活。收藏當代的物品，對那些鍾情於較近代的藝術成就及創意文化的人來說，也是同樣地讓人興奮，尤其當創意文化變成有形之物，並朝向將來的狀態轉變。

認真的收藏家都遵循三個原則：收藏你喜愛的東西、收藏的東西是你買得起的層級，以及與專家同行以避免昂貴的錯誤。

收藏品會演進。出於經驗、知識以及獲取某些經典藏品的結果，收藏家可能會割捨一些早期的藏品，讓整個收藏發展出深度的特色。這種精緻化的過程會持續發生。

收藏這件事最讓人激動的地方，就是搶在市場之前發現某物的價值。有時候單憑眼睛的直覺就足以知道。這種反應是立即的，會抓住感官。很多設計師天生就有所謂的「好眼力」。這是個天賦，擁有的人心懷感激。那些有好眼力的人似乎可以「看懂」外型、比例與尺度。他們光憑感覺就知道怎樣陳設會使人愉悅。

不過好眼力是必須經過教育、訓練與規範的。亞伯特·哈得利就說過這樣的名言：「『看見』是一件很難的事。大部份的人都『看到』很多東西，但什麼都沒『看見』。看

到是情感的表現，而看見則是智識的過程。」這是用來評估這樣東西是不是適合收藏的方法。未經訓練的眼睛，幾乎不可能用這種挑剔的方式來「看」。要擁有這種精準眼光必須經歷一番辛苦，以及終身的學習和練習。那些以過去教導我們未來的重要收藏家們，無一不具有這樣的眼力。有很多認真的收藏家在收集藏品時，是著眼於文化資產的保存，並計劃有一天可以將這些藏品付諸公眾信託，作為人類不斷累積的傳承的一部份。

但也不需要將收藏這件事，提升到超出為每日的存在提供愉悅的程度。有些愉悅是可以預期的，而大部份是讓人驚奇的。蒐羅各種紐扣也可以讓人興奮、擁有熱情並具有娛樂效果，和取得一批古董夏克式樣（Shaker）兒童座椅沒兩樣。讓人激動的是去知道並探求何人、何物、何時、何地、為何以及如何。人之所以為人是因為我們做過的、正在做的、將要做的事；要是對這些不感興趣，一個人就無法瞭解自己也無法瞭解他人。好奇心是這一切探求的起點，沒有好奇心，就不會有收藏存在，也不會有生活存在了。

一對十八世紀晚期的扇骨背溫莎椅、一對古董鑄鐵及木造的吊燈，賦予這間位於亞特蘭大的客廳久遠的血統。

Patina 痕跡

凱薩琳·史考特

KATHRYN SCOTT

真正的美不是蘊藏在昂貴商店買來的名牌商品，而是藏在簡單的每日碰觸的表面，因為它們本身會訴說生活。

我認為這是痕跡背後的美。這個想法不是我自創的，我也不是唯一一個喜愛不完美勝過完美的人；它也表現在日本美學中概念「侘寂」中，此種哲學尊崇我們周遭物件可見的磨損，這種磨損表達了物品的一生。想像每樣東西都有個值得注意的一生，這個想法很有趣，似乎也限制了人類意欲將自身置於萬物之上的傾向。剎那間，我們面對一種了悟，亦即我們不過是周遭的一部份，在這個互相依存的宇宙中參與其間。每個元素都是不可分割的一部份，構成一個擁有深奧之美的整體，就在我們的周遭隨處可尋。

設計師的角色就是透過重新整理我們所處的環境，以改善生活的品質。設計師的個人特色來自於其人的視野。受到「侘寂」的啟發，我會透過有目的的陳列安排來展現生活之美。但是，被太多殘破的東西包圍會顯得劣等而雜亂，因此，平衡是必要的。選擇性地使用有痕跡的物件或是材料，像是古董或是磨損的建築表面，這會讓它們顯得更珍貴，因為它們的狀況還保持著，如同被珍惜的回憶，是我們希望記住的歷史。

當這種哲學對客戶來說並不熟悉時，我有時也會很掙扎，是否要重新微調客戶的猶疑。認為不會損壞的材料比較好、比較實用的想法，使得有些人生活在了無生趣的材料之間。在我們的社會上好像有一種根深蒂固的恐懼，很多人不敢用大理石當作廚房檯面，以避免刮傷和汙漬。我會回答說，正是當檯面磨損刮傷時，才會顯出它真正的美，這樣一來，家才會顯得是被愛的、被好好使用著。渴望讓一切保持完美得好似從來沒用過，這種做法不僅不吸引人，而且會讓每樣東西看起來死氣沉沉。自然中的東西沒有一樣是完美的。想讓每樣東西保持嶄新，會讓我想起大量製造的、合成的材料，而我覺得手工製作、自然中找的到的材料比較美。

我開始迷上痕跡是在歐洲旅行的時候，當時我注意到，陳舊的鋪石地板表面會有不均勻的磨損。當不同顏色的大理石排列在一起，在石頭比較軟的地方以及最常經過的通道處，會稍微低陷一點。起伏的表面是豐富而富於感官性的，只有工匠的手才能重新創造。但就算是忠實地重現磨損得很美的表面，也不會有那種隨時間而形成的豐富與真實，因為複製無法反映出該場所的歷史。

舊地板、舊牆、舊建築細部上可見的痕跡，這些都是幾世紀以來人們經過同一個地方的明證。磨損的表面就是此處的人類學紀錄。若是你停下來想像一下，那些在此處留下這些痕跡的過客，這樣一來這地方給人的感覺就不一樣了。那些不平整的地方保存著我們對先人的記憶，想到他們曾在此處進行每日的活動，正如同我們在此時此地所做的，這種想法無比深刻而美好。

這間位於布魯克林的餐室，牆面表層覆蓋著早期的石膏灰泥，這種材質會隨著老化而擁有自己的生命力。餐桌檯面是絲柏原木，沒有上保護層，讓它可以經由每日的使用而累積真實的痕跡。背景中的胡桃木櫥櫃上了油，以突顯其紋理。

Antiques 古董

提摩西・衛隆

TIMOTHY WHEALON

一般對骨董的定義可能是某個古老而有價值的東西，但是這個定義一點也沒有包括古董之所以有趣的情感元素與內涵，像是美、工藝、痕跡、外形、文化歷史及人性的關聯等。古董以其各自的方式，在我們的生活中留下印記，包括純粹視覺經驗的累積、與物件關聯的記憶、人的手經過時間留下的，實際的與詩意的印記。古董會喚起感覺或情緒，而我們會在情感的層面上回應之。

我從很小就受到古董吸引，在我長大的美國中西部，我跟著我母親參加地產處分特賣或是拍賣會。我生平第一次買的古董是一件桃花心木喬治一世時代的扶手椅，當時我十二歲。之後，我對古董的喜愛引領我進入倫敦和紐約的蘇富比拍賣公司。在那兒我學會了替古董編目及估價，並注意到品質、稀有性、古董本身的狀況以及來源。這些寶貴的經驗培育了我年輕的眼睛。

物件與生俱來的美、它內在的「靈魂」使我著迷。古董展現出過往豐富的生活，但是歷史的脈絡比不上其根本的視覺力量。我會在我設計的室內中使用古董，引出居住其中之人的情感。

在《品味之家》（The House in Good Taste）一書中，艾爾希・德沃夫（Elsie de Wolfe）寫道：「有樣難以捉摸的東西稱為特質，人因其而擁有魅力，藝術品也是如此。雖然我們也許無法加以描述，卻能感受到……一件家具的年代對於博物館來說可能有無上價值，但是對於家庭用途來說，功能和美才是考量。」我相信德沃夫談到的特質，可以從古董的外型、比例、工藝及痕跡中表現出來。無論是華麗的洛可可或是拘謹的新古典主義，外型與比例都是關鍵，工藝也一樣重要，見諸於拼花木板的表面、做工完美的渦卷形五斗櫃加上鍍金金屬腳、手工鑄造的五金零件、完美楔型榫接的抽屜等等。

多年來，我見過許多了不起的匠師與修復師，為了修復而創造、拆解物件，他們教給我的關於古董的知識沒有別的比得上。對我來說，工藝是所有古董的關鍵。一件瑞典古董上的油漆隨著時間慢慢地磨損，或是一張經常使用的愛爾蘭桃花心木桌，桌面上被太陽曬褪了色──還有什麼比這些更美？

知識和專業很重要，但比不上你自己面對一件獨特或是非凡的古董時，心中所浮現的感覺；不論那是在麻州的布林姆菲爾德古董展（Brimfield Antique Show）場上，或是巴黎左岸的小古董店裡。我總是對我的客戶說，要買古董，就買他們會喜愛、想要與之生活在一起、會對他們傾訴的。

我被教導說古董就是歷史超過一百年、甚至年代更久的東西；但是這個定義已經沒有意義了。古董是帶有時間痕跡與製作者印記的物件，不論是皮埃爾・珍奈雷特（Pierre Jeanneret）在一九五○年代為印度昌迪加爾製作的柚木條椅，或是約翰・韋底（John Vardy）在一七六○年代為英格蘭鄉村的哈克伍之家（Hackwood House）製作的木框貼金箔鏡子，都屬其類。精心編排混合的古董，它們集體的美及靈魂，能豐富我們的生活及我們居住其中的家。正如約翰・凱斯（John Keats）寫的：「美麗的東西是永恆的樂趣！」

這間餐室位於曼哈頓上東區的街屋，浸染在歷史感中。一盞十九世紀早期的義大利枝形吊燈、一對一九四○年代的鍍金壁燭台，在路易十六時代的餐桌上，照亮了歡宴氣氛。瑞典風格的複製椅是為這個房間特別訂製的。

這間紐約街屋內的房間，幾張十八
世紀早期的英國核桃木包金椅凳，
環繞著一張攝政時期的胡桃木圖書
室桌。一對來自佛羅倫斯科西尼宮
的部分貼金扶手椅，陪伴著競技場
來的圖拉真皇帝大理石頭像。壁爐
架上的畫作是十八世紀藝術家喬凡
尼·保羅·帕尼尼〔Giovanni Paolo
Panini〕的作品

Curation 陳列

瑪莎·安格斯

MARTHA ANGUS

就在索邦騷亂（一九六八年法國學生運動）過後不久，我進入法國美術學院就讀，我還記得很清楚，我的法國教授及同學們有多不屑美國時尚、美國文化，對美國藝術更是嗤之以鼻。事實上，在我們的藝術史課堂上，美國藝術根本就沒有出現過。我們被教導，要瞭解美術唯有研究經典之作，並採用傳統的做法。我們描摩石膏雕飾、解剖的屍體，每幅畫都以原色為基礎，並在灰色彩繪上仔細地上釉彩。這種嚴謹的做法把我訓練成藝術家，但這種強硬的觀點也讓我感到懷疑：欣賞藝術是否必須如此受限？

身為一個受過訓練的藝術家，我始終將室內設計當成藝術世界的延伸，並與之保持接觸。我很幸運，很多客戶都擁有很棒的藝術收藏，讓我能將這些藝術品當作靈感來源，來設計一個家。藝術佳品能和建築一樣塑造空間，同樣的，藝術劣作也能讓原本美麗的空間徹底毀於一旦。說老實話，我寧願客戶擁有讓人讚嘆的藝術品及簡單的家具，而不是反過來。

身為專業室內設計師，我經常被客戶要求代為購買藝術品。我樂於從命，但我也會懇求客戶一起參與這項工作。沒有人天生就是收藏家。我會敦促客戶去看、去想、去問很多問題。你應該去參觀藝術博物館、和畫廊的人談話、貪婪地閱讀，然後再把所有的資訊堆到腦中一個安靜的縫隙裡。最終，最重要的是買你喜歡的作品，因為最棒的收藏家對於自己的每一件藏品，都有真摯的熱情。

大部份我認識的人，在第一次買了藝術品之後，都開啟了與藝術終身的戀情；藝術就是有把人變成收藏家的魔力。也許是因為藝術收藏予人珍貴的機會，展現自己個性中的另一面。不要讓保守的外表把你給騙了，我有些再傳統不過的客戶，卻熱衷於收藏瑪麗蓮·明特（Marilyn Minter）的作品。

標價並不代表作品的價值。我擁有很多新秀藝術家的畫作和版畫，其價值與其他遠為知名的作品不遑多讓。我會給聰明人一個忠告：避開一時的熱潮。熱潮一般來說不是從熱情而來，而是來自群體的心態。讓你的心帶你做決定。

藝術與室內設計應該永遠產生對話，就像夫妻一樣，每個人都需要空間與空氣，才能良好地互相依靠。彼此之間不能互相競爭，彼此的關係中也不能有階級存在。藝術常常扮演挑逗的角色，因為藝術永遠不會怠於引起情感。藝術不是經過時會被人忽略的壁紙，雖說在我看來有些壁紙簡直臻至藝術境界。藝術會讓你置身另一個地方，但你會知道這樣沒關係，因為你很開心被帶到那兒去。艾倫·狄波頓（Alain de Botton）曾說藝術是：「有用、相關，且超越任何治療」。他主張某些偉大的作品能提供線索，告訴我們如何管理日常生活緊張與迷惑。這我同意。藝術對於歷史中的某個時代（包括當下），提供了非常真實的線索，讓我們瞭解其豐富與質感。藝術是關於我們周遭世界的宣言，而我們飲食、睡眠、玩耍、存在的空間，也是如此。

在這間位於舊金山市外馬林郡的屋子裡，高聳的天花板、白色的色調，營造出寧靜的修道院氣氛。兩件讓人屏息的藝術品：伊夫·克萊因（Yves Klein）的桌子，以及一幅卡倫姆·因尼斯的油畫，產生了魔力。

Lighting 照明

尚·肖爾斯

JAN SHOWERS

不知道你有沒有注意到,一個人看著吊燈的光芒時有多可愛?因為只照亮臉部前方的光線(包括清晨的朝陽以及傍晚的落日),是有魔力的。這種光線不會造成像頂光那樣銳利的陰影。

當然在有些例子中,頂光是很實用的,但是一般而言,柔和的散射光是奉承的光。絲質或亞麻的燈罩讓光線透過燈罩散射,產生一種溫和的光澤;而厚紙或是金屬的色調則讓光線變得更戲劇化,但也更生硬。

多年前,雪莉·麥克萊恩(Shirley Ma-cLaine)以《親密關係》(Terms of Endear-ment)一片中令人歎為觀止的演技獲得奧斯卡獎。同年,她來到達拉斯接受美國電影節頒獎。當時我是電影節的評審之一,因此有機會與她坐在一起聊天。她真是美極了!所以我問她,他們是怎樣讓她看起來比較老,因為她在電影裡看起來比本人至少要老十五歲。她立刻回答:「燈光,親愛的。我們在好萊塢用頂光讓演員看起來比較老。」她繼續說,若是我們每天生活中都能對著臉上打光,那麼每個人看起來都會年輕十歲。

你有沒有注意過,電影裡那些演員們的眼睛似乎都閃閃發光?那是因為他們知道主燈在哪兒,也知道只要站或坐在對的位置,主燈就會發揮神奇的效果。

什麼是主燈?主燈就是光的第一來源,也是最重要的光源;攝影師、電影攝影師、燈光師及場景師都會為場景打光。主燈的目的是強調物體的外形與立體感。

我經常會告訴我的客戶,他們在自己家中應該要看起來容光煥發,不然幹嘛這麼費事又花錢呢?我最喜歡的兩種方法是選擇會襯托客戶的顏色,以及使用視線高度的燈光,這樣能讓客戶在我們設計營造的房間裡顯得好看、感覺有自信。

我發現,客戶聽到我建議在餐室的邊櫃上或是餐具櫃上放檯燈,往往感到很驚訝。餐室是最惡名昭彰經常只有一盞吊燈的空間,這經常會造成生硬的光線,除非覆蓋以布料或是玻璃的燈罩。這就是為什麼大多數人用餐時會用燭光。檯燈則會讓房間柔和許多,其本身也是一個美妙的裝飾元素。

梳妝台以及浴室內的梳洗檯,是另一個很需要視線高度燈光的地方。在這些地方人們真的需要內嵌的天花板照明,也需要檯燈或是壁燈照亮臉部。

內嵌或是天花板上的照明當然也是必要的,用來突顯藝術品或是物件,以及在檯燈或是壁燈都不可行的地方,填補黑暗的空缺。為藝術品及物品照明既是藝術也是科學,所以我認為,在新建或是更新房屋時,聘請一位具有資格的燈光設計師是有必要的。在每間房間裡的每張椅子旁,都擺上一盞檯燈,也可以在兩張椅子中間擺一盞。(桌邊也一該有張桌子讓人放飲料或茶杯,沒有燈光也沒有桌子,孤零零的椅子是最糟糕的。)

鏡子,是為每個房間添加視線高度燈光的好辦法。鏡子可以掛在任何一面牆上,並在牆上創造出一扇窗。使用鏡子也會讓房間有

這間餐室以視線高度的燈光照明,包括邊櫃上的檯燈及餐桌上方的法國吊燈。局部照明集中在義大利慕拉諾島的精緻玻璃花瓶上,它們是餐桌上的核心元素。

種光澤，那種光澤是其他東西無法複製的。用
一組有趣的鏡子加上充足的局部照明，也是
另一種為臉部增添宜人光線的方法。

　　燈光鼓舞人心的力量經常被低估，它是
我們嘔心瀝血所打造的房間裡的祕密成分，
它能強化空間，讓房間適合客戶的個性及需
求。這個設計元素能產生軟化、美化的效果，
以最正面的方式，照亮客戶以及他們的室內
設計師。

屋內主要起居空間內的座位區，來自
沙發背後的窗戶提供天然光的優勢，
再加上慕拉諾立燈的光輝。古董鏡子
以及鏡面的五斗櫃，為房間內較暗的
部分提供了反射光線。

Textiles 布料

凱瑟琳·艾爾蘭

KATHRYN M. IRELAND

低估布料歷來在家庭中的扮演的裝飾作用是種錯誤，更不用說布料還用在許多其他地方，從戰事、聖禮到政治慶祝活動都不可或缺。

布料無所不在是有道理的。它很好用，可以隱藏不完美或是強調崇高的外型。就連以脾氣暴躁出名的米開朗基羅也很重視布料，只要看看他的大理石雕塑「聖殤像」中，卓越的布料褶曲垂墜感就可以知道。有人可能會說布料壽命短暫，不像其他東西的骨架那樣耐久。但這種說法只說出了一部份的事實。

實際上，一般認為，織品出現的時代比耶穌還早五千年。一開始，織品是用來製作簡單的衣著、儲存食物、攜帶食品；但不久之後織品就開始應用在其他的用途上。從空靈不朽的杜林耶穌裹屍布，到敘述故事的巴約掛毯；從幻色的印度紗麗到鮮明有力的非洲頭巾，布料透過新娘的嫁妝、洗禮袍、衣箱裡的亞麻、軍營裡的軍毯、群眾活動中的旗標、降落傘的絲布、服喪的黑紗、喪禮中的裹屍布，對我們訴說故事。

布料是我在房間中首先會注意到的元素。牆上有什麼布料？窗戶是怎麼處理的？窗簾是用來保護隱私、遮擋陽光，或是增添氣氛的？什麼樣的布料與掛畫，開心地共處一室？

很棒的布料可以提振房間的氣氛，正如好吃的咖哩或是法式燉牛肉可以提振一個人的精神一樣。

用不同的顏色和布料設置一系列的內裝，看似不搭，當置於同一個空間內時，它們彼此之間卻有一種獨特的關係，最終讓居住其中的人感到歡樂、舒適、有型、受到鼓舞，這會讓我樂得暈陶陶。在我自己的四周，我會

用編織和印花的互動來探險。我有自己的印製工坊，在發展新的配色與設計時可以自由地嘗試。成功的室內設計就是在抱枕、沙發、窗簾上，安排印花、圖案、顏色的交互作用；以及讓這些布料與藝術品、家具及地毯融合。房間裡這些東西的正確組合，會產生魔術般的效果。

若是關於我的設計以及應用布料的方式，我是個厚顏的傳統破壞者。我知道規則，什麼是可以搭配、互補的，什麼又不是；但我就是受不了精心安排的畫面。我想要的是讓人戰慄、琳琅滿目的選擇。我童年時，每回從旅遊中帶回的紀念品，都是迦納的拼布、蘇格蘭格子呢、日本波紋綢或是愛爾蘭亞麻之類的東西。看到這些東西在我的抽屜裡混作一堆，讓我學到那出其不意的組合有多讓人驚喜。我喜歡天鵝絨放在沙灘上、在沙漠裡。我也愛絲綢放在積雪的北方、早餐室裡放胭脂紅印花布、在書房牆上裱貼桃色單色印花布。不要害怕看似不可置信的衝動，只要它感覺對了就行。模式和老套就只是那樣而已，那些現成的解決方案都是經過馴化、又太常見的。

對我來說，紡織品傳遞了時空、甚至是謎樣的訊息，包裹在感官的衝擊之下，會帶你到你想去的地方。我喜愛布料的層次及對照，它與交響樂團中不同樂部之間、或是土狼與月亮之間的對話，並沒有太大的分別。布料是種奇妙的東西，有豐富各異的來源與轉折，共同創造詩意的、熱情洋溢、幽默風趣、溫柔平靜的時刻。室內設計師雖不是音樂家，但他們可以用複雜而美麗的布料交響樂，讓你目眩神馳。

這間屋子位於加州奧海鎮，原本是牛欄，在一九三〇年改建為住家。白色的灰泥牆成為完美的背景，襯托軟椅上令人陶醉的混搭布料及圖案。吊燈是出自此處，在現場製作完成。

Books 書本

羅絲·塔爾洛

ROSE TARLOW

我被書本圍繞。當有人問起何人、何處、何物會不斷地給我美學靈感，答案總是可以在我珍藏的參考書籍中找到。這些書本是我一生中持續不斷、刻意地收集而來。對設計師、建築師、藝術家或是任何創意人士來說，書中大量的資訊形成了基礎，架構出那些啟發、塑造我們獨特觀點的事物。

幸運的是，對渴望尋求指引與啟發的人來說，很多書都很容易取得。在各個年代的設計與建築長河中，有許多可汲取的知識。整個歷史中，發生過很多次建築及家具設計的革新浪潮。有許多照亮前路的大師之作值得研究，例如阿爾瓦·阿爾托、拉西·莫霍利·納吉（László Moholy-Nagy）、科比意、威廉·莫里斯及萊特等等，不可勝數。如果沒有書籍供我們參考、配合，那我們對於過往的視覺及精神上的知識，所知將十分有限。我們在書籍構成的基礎上，不斷地建造、形塑、餵養自身的創造力，它們是強化個人創意的贈禮。

我擁有的書在我需要的時候給我啟發，同時它們也是最棒的裝飾元素。沒有書的房間就少了一些看得見的智識象徵。在我自己家裡，書很自然、輕易地成為寧靜之美的一部份，滋養強化了我每日的生活。以下是一些我最喜的書籍。

《居家裝潢》，第一本關於室內設計的書，作者是華頓和小戈德曼，出版於一八九七年，可以看出設計是如何演進與簡化。

今日備受尊崇的巴黎設計師安德蕾·普特曼（Andrée Putman）讓一些廿世紀的天才重新被人認識，例如艾琳·格雷（Eileen Grey）、馬里亞諾·奧爾圖尼（Mariano ortuny）、尚米歇爾·法蘭克，以及其他同類型的設計師，他們被史蒂芬·格歇爾（Stéphane Gerschel）統稱為普特曼風格。

馬里奧·普列茲（Mario Praz）著作的《圖說室內裝潢史》（An Illustrated History of Interior Decoration），以繪畫及藝術品的形式，為我們提供了從文藝復興時期到廿世紀的傑出室內裝潢。

在我的書房裡有一套書，以精美的水彩表現法，描繪美妙的現代室內設計。這套書原本是由德國的尤勒斯·霍夫曼公司在一九二七年出版，如今很可惜已經絕版，若是能找到也是價值非凡。這一套八冊書多半都在德國，有一部分是在英國重印的，書名是《色彩裝潢》（英文：Decoration in Color，德文：Farbige Raumkunst）。

另一套珍稀藏書是派西·馬奎伊（Percy Macquoid）的《英國家具史：橡木時代、核桃木時代、桃花心木時代及緞木時代》（A History of English Furniture: The Age of Oak, the Age of Walnut, the Age of Mahogany, and the Age of Satinwood），出版於一九〇四至〇八年之間。市面上找得到各種絕版的版本。對家具設計師來說，這套書是無價之寶。

也許現在還是可以透過書商，找到巨冊的《英國室內》（The English Interior），作者是亞瑟·史崔頓（Arthur Stratton），出版於一九二〇年。對我來說，這部書是絕佳的靈感來源。

上述的書籍有些已不易找到，因此我也列出一些還未絕版的書，例如二〇一三年出版的《設計喬治時代的英國》（Designing Georgian Britain），作者是威廉·肯特。描繪帕拉底奧作品的書，也不斷有新版及再版。我很鼓勵學習室內設計的學生研讀南希·米特福德（Nancy Mitford）的有趣傳記作品，如《太陽王》（The Sun King）、《龐畢杜夫人》（Madame de Pompadour）、《菲特烈大帝》（Frederick the Great）等，書中對於熱鬧的法國宮廷及其中的生活，以及環繞其中的室內

一座古老的圓梯，是在巴黎的跳蚤市場裡找到的，經過仔細地加固，連通設計師自家的工作室及夾層的睡眠區。天光照亮了磨光灰泥牆，牆上的壁龕裡收藏了許多書。

設計師的建築類藏書，隨意地堆在木頭架上，擺放在可以望見花園的窗戶邊。

右頁：設計師位於洛杉磯的自宅內的書房。充足的晨間光線從三組法式落地窗灑進來，一桌一椅提供了閱讀、繪圖或是作畫的場所。

結構，都有絕佳的介紹。

　　世界各地的書店正以驚人的速度紛紛倒閉。在接下來的幾年，我們自己的設計作品及設計書籍，是否能讓建築及室內設計的學生讀到呢？看似很有可能，有一天圖書館會被當成陳舊積灰的舊時代殘跡。可悲的是，這似乎是世界運轉演進下的自然結果。我認為，珍惜圖書館、為下一代保存書籍，是我們的責任。下一代也許沒有機會經驗到，過去所提供的那種豐富資源了。簡單的一本書，因為它是如此唾手可得，以至於我們都把它當成理所當然了。

Provenance 前手

湯瑪斯·傑內

THOMAS JAYNE

「這本來是我祖母的」，這句話會在我心裡同時激起快樂與恐怖的情緒。可能再沒有其他的前手（這個花俏的字意指歷史與所有權）能傳達出這種力量了。沒有任何個人化物件的房間，就算再美，也總讓我覺得沒靈魂。

要是設計師幸運的話，客戶的傳家寶是一些很美的東西。在一次愉快的案例中，有位客戶提議把祖母的畢卡索畫作拿出來擺放。現在這幅畫就掛在客戶位於紐約的書房裡，背景是中性的綠色細紋路牆，兩邊環繞著棕色的天鵝絨沙發。相較之下，我從祖母那兒得到的是一張維多利亞時代的床，就算說不上醜，也是大而無當。床頭板及上面剛硬的機器雕刻線條，在大多數有文化的人看來，會直接被踢到垃圾堆裡。不過，打從我可以用真正的床開始，就一直用這張床。身為一個紐約的設計師，把它放在一個與我的職業相稱的環境中，一直是我最大的挑戰之一。這幾年來，我利用美麗的物件與強烈的顏色做對照，成功地辦到了。最成功的一次是把它放在我全白、佈置疏落的閣樓裡，床頭靠著一塊漆成黃色的牆。從這張床我學到，家族物件會用在室內設計中，必然有很高的情感價值。當然最好的狀況是，這些家族持有物不但有歷史，也兼有美。

另一張我擁有的床就是歷史與美的完美交匯。那是一張臥榻，來自法國一八三〇年代，外表飾以果木，有新古典主義的外形。是我為了我們在紐奧良的那間公寓，從佳士得購得的。在預覽拍賣品時，我的老友兼導師亞伯特·哈得利現身了，因為大部份的拍品來自他的老客戶珍·英格哈德（Jane Engelhard）。他曾為她裝潢房子以備溫莎公爵與公爵夫人來訪。我還記得他把手放在一張臥榻圓潤的收邊上，說道：「這張是公爵用過的床。」我已經計劃要對這張臥榻出價，所以這個顯要的前手對我來說，只是增加了其價值。

前手也可以為物件的歷史意義增加可信度。在我職業生涯中遇過最佳的例證，是一位客戶收藏的馬蒂斯版畫，有些原屬於安迪·沃荷，還有一張藝術家約翰·辛格·薩格特（John Singer Sargent）的畫，是藝術家自己保留的。兩者都有知名的前手背書，等於是有良好的證明。

多年來，我學會了要小心，不要輕易地減損客戶繼承之物的價值。要是他們要保留的某樣東西與我想像中的室內設計不搭，我一定會問這是否出於某種情感。在我執業的早期，有位客戶的例子，讓我更確定對這一點必須謹慎留心。這位客戶要求我將一個看起來很平庸的毛毯收納櫃，用在室內設計中；櫃子外表覆蓋著過時彩色印花棉布、還加上好幾碼的花邊。於是我們採用美麗的印花亞麻布及簡單的飾邊，將收納櫃的包覆層替換掉，以符合櫃子的基本特性，然後把它放進她新裝潢的家中。一段時間之後，她特別印了一張畫給我，以感謝我把櫃子放進室內設計中，並讓櫃子與她的新裝潢相稱。她並且補充說，她父親早逝，而這櫃子是他生前做給她母親的。

記住，「前手」始於購買每樣裝潢用物件的那一刻。在我的職業生涯中，曾經買過、擺設過數百件古董與裝飾品；因此我相信，有一天會有客戶會將我幫他或她買下的珍貴物件，贈與孫子，而這美好的前手就會由孫兒提出，表明那物件原屬於他或她的祖母。

畢卡索藍色時期的肖像畫，是客戶從母親那兒繼承的，與同年代漂亮的歐比松地毯，一同訴說著廿世紀早期。一對寬敞的扶手椅及相配的沙發，覆蓋著肉桂色的天鵝絨，以金色的流蘇飾邊。

因為前手而保留某件家具,有時是有意義的。這張古怪的雕花床就是一例,它原屬於設計師的祖母。在這間閣樓般的臥室裡,黃色的區塊提供了這張不搭調的床一個自豪的場域。

右頁:設計師位於新奧爾良的公寓中的起居室,臥榻背後的牆上掛著十九世紀末期的德國木版畫,上面印著狂歡節中的人物。溫莎公爵曾經睡在這張臥榻上。裝飾藝術風格的檯燈曾經屬於汽車業的執行長兼美術鑑賞家:華爾德·克萊斯勒(Walter Chrysler)。

Craft 工藝

布列德・福特
BRAD FORD

是什麼讓房子有靈魂？在房裡的人當然是其中之一，但其他的元素的演出對於無形的質感、美、個性也有貢獻，真正傑出的空間就是如此。手工藝品帶著其製作者的故事，表現出匠師技藝的歷史、努力的記錄，以及創造力。

真的，一張手工製的椅子，木頭椅腳是以車床磨圓、皮革座位是一針一線縫製的，坐在仗樣的椅子上，就等於是被製作者的創意能量包圍著。你可以把這種能量想像成內建在物品內的一種貨幣，若是投注於其中的能量達到一定的程度，在成品中就會保留同樣的能量。在物理上來說，能量既無法創造也無法消除，但會改變形式。隨著時間過去，手工藝品的擁有者會與工藝品之間發展出一種關係，對藝品的欣賞會增長、會發現新的細節。想像一間只有大量製造的產品的房間，比起就算只有一件也好，放著做工精緻的花瓶、椅子、碗碟或是桌子的房間，後者會更有生命力。這些工藝品的價值、其背後的心血，遠遠超過金錢的價值。

從原先的需求性（家具是用來坐、瓶子用來裝水），到開始重視裝飾性，因而產生的這些工藝品，其藝術價值就綻放了。挑選、細賞這樣的工藝品，不論是家具、玻璃器皿、陶器、金屬工藝品或織品，都可以直接感受到物品的品質與特質。

天然材料，像是木頭、黏土、皮革、羊毛、植物纖維等等，在工藝品的定義上扮演很重要的角色。我的工作受到自然很大的影響，也許部分要歸功於從小在阿肯色州長大，被湖泊、河流、群山及森林所環繞。手工藝品帶有的大自然特質感覺很熟悉，觸感也很好。放這這些工藝品的房間也會被賦予這些屬性。這些東西只是簡單擺著，就能創造出溫暖可親的室內空

在這間位於曼哈頓的公寓中，曲線的沙發是由瓦底米爾・卡根（Vladimir Kagan）設計，桌子是麥可・科費（Michael Coffey）設計的「撒旦之舌」（Satan's Tongue），一對老件櫥櫃是安德烈・索內的作品，這些物件全都展現了工藝的價值。

傑夫·齊默曼（Jeff Zimmerman）的燈光雕塑「藤蔓」（vine），加上老件Dunbar品牌沙發、卡根的漂浮腳凳、溫德爾·卡索的叉臂椅，全都歇在波紋地毯上。

間。人類對自然非常有感覺，會下意識地回應有機的材料。在缺乏綠色空間的大型城市裡，更需要有自然的質感，會讓我們覺得踏實，甚至有安全感，從根本上彌補了自然與建成環境之間的落差。

對我來說，在每一次的室內設計中融入手工製作的物品，這樣強烈的信念是很個人的。我一直就深受手工藝吸引。當我還小時，我會翻閱百科全書找東西來做。再長大一點，我父親在我家屋後的穀倉裡，弄了一個木工作坊，他就在那裡面製做各種東西，從時鐘到大型家具都有。我會看著他工作，著迷於那些工具、工序、鋸木屑的氣味，當然還有最終的美好作品。看著他，讓我對那些投注於製作物品上的時間、技術與用心，感到敬佩。隨著時間，他的技能與信心增長，作品也變得更趨複雜，體現了對真正工藝的奉獻精神和熱情。

但是，對手工藝的欣賞完全是主觀的。引起某個人共鳴的，對另一個人來說就不見得如此。在我看來，我欣賞大膽進步、影響源遠

流長的匠師，包括家具設計師沃頓·埃瑟里克（Wharton Esherick）、山姆·馬洛夫（Sam Maloof）、中島勝（George Nakashima）、溫德爾·卡索（Wendell Castle），以及瓷器匠師伊娃·柴賽爾（Eva Zeisel）、古納爾·尼倫德（Gunnar Nylund）、露西·李（Lucie Rie）等人，他們把其工藝作品的功能層面，提升到更美的境界，成為一種藝術。

不幸的是，工藝與純藝術相比之下，其價值經常被低估；即使連名稱都傳達出不同的意涵。工藝品常被視為比較普通、不具備「真正美術」所需的精美。但是在我心中，工藝與藝術同樣注重細節、需要高度技藝及藝術性，因此兩者是不相上下的。當想法改變，對整個房間的視界也會隨之改變。特別的、會讓房間增加個人性的東西，不是只有藝術品而已，房間裡的每樣東西，不論是藝術品還是工藝品，都有可能增加深度與個性，從實質上增添意義。

工藝品與大量製作的產品不同，它會表現出工藝職人的脆弱性與人性，這種不完美的美，在室內設計的藝術中是無法不被注意到的。以愛為核心、用手工製作的東西有一層靈魂，有種簡單的奢華，而且這種遺緒會在物品老去的過程中持續著，產生出它自己的歷史，代代相傳。

這間低調的臥室位於陽光充足的公寓中，房裡的焦點是勒尚·嘉里葉（René-Jean Cailletteh）的老件邊櫃。後方牆上掛的是後現代主義的詹姆斯·威靈（James Welling）的攝影作品。

255

Alchemy 煉金術

格蘭·吉瑟勒
GLENN GISSLER

每個大型的文明社會都存在過煉金術師（以及偉大的藝術家與匠師），他們都致力於要將基本的金屬變為黃金。好的室內設計師也很像煉金術師，若擁有對於元素的知識，混合起來就可以在室內創造魔法。

藝術品與物品，是我最喜愛的兩個元素。

室內的每個表面都很重要，但是當設計師引入、編排藝術品及物品時，它們或低微或高貴、或簡單或華麗，此時設計的煉金術才開始發揮作用。在室內設計中，藝術品是了不起的轉換器，是達成卓越設計的祕密方程式。

室內藝術品的選擇與擺放非常重要，很有可能是設計師所做的決定中最重要的。你可以將近無限次擺放並重新安排這些藝術品，創造出新鮮、令人眼睛一亮的設計觀點與陳列方式。物品的守護力量會透過其位置以及鄰近的物品而被加強。透過直觀的揀選與排列，將其構成一個整體，這些室內物體的效果，就能比其個別的總和要大上許多。

我經常協助我的客戶購買藝術品，有些時候這些藝術品還變成他們的核心收藏，我總是向他們強調，把價值高昂的藝術品與其他各種工藝品混同擺放的重要性。我鼓勵客戶們買下他們所願意花費的最頂級的藝術品與物品，但要小心，如果他們買下的每樣東西都是最頂級的，那麼讓這些物件激動人心的潛力，也就是詩意的對照，就會被中和掉。

室內設計的品質不能被量化，也沒有價格標籤。藝術品及工藝品會讓人想起歷史中的某一段時期。是不是「原版」並不重要，它可以是十九世紀為真的羅馬胸像翻製的石膏像。美麗的物件有種光環，有種無法造假的能量。

藝術品與物品本身並不能構成一個房間，但是卻可以點燃魔法。設計中所有無止無盡的決定，最終極的結果是創造一個最完美而含蓄的背景，讓人誤以為什麼都沒做、輕的重的手法都不存在。設計師必須學會分配資源以創造設計的煉金術，這個過程不需要花費鉅資，但在未來可以為客戶增加許多附加價值。但這只是一個附帶的好處，藝術的存在才能創造額外的價值。並非富豪的客戶也許會願意將比例驚人的財產，花在藝術品與物件上，只因他們從室內設計中感受到了不可估量的美感，甚至是精神價值。

尋求不同時代、地域的藝術工藝品之間的視覺關係，是煉金過程中重要的一部份。有天賦的攝影師會發現兩物之間的我沒注意到的近親關係，看到我沒看到的，就像是理查·阿維登（Richard Avedon）拍攝朵薇瑪（Dovima）與大象的照片，以及壁爐架上那些高挑彎曲的花瓶。有時候也不是像或不像的問題，物體之間有種隱藏的關聯，例如華麗的鍍金叉腳攝政時期風格椅凳，線條卻依然簡潔現代，舉個例子來說，它與現代的卡羅·斯卡帕（Carlo Scarpa）貼金花瓶，就可能形成恰當的對照。

雖然有時候我會將我的感性轉嫁給客戶，但我也對任何啟發人心的物品保持開放，從包浩斯到巴洛克。每個時期、每種風格中，都可以找到對形式的迷戀，但只有一件事要注意：折衷主義在不對的人手上，絕對會變成一團混亂。

每個人都在尋求宜人、令人愉快的房間，是設計來陪伴人們度過生活中的種種複

從背景跳脫的輪廓、織品的表面、藝術的組合（包括理查·阿維登知名的朵薇瑪肖像、原始的陶器、一張非洲面具），在這間位於布魯克林的重點餐室中，產生了魔法。

雜與深度。藝術品與物品可能會讓某個訪客
駐足，同時，他們也許會使屋子的居住者看見
新的視覺關係與相似處，那就是不停被豐富、
豐富人的室內。這樣的結局是真金，是由設計
鍊金術所創造。

這間位於曼哈頓上西區公寓中，在
客廳與餐室之間的過渡空間放著法
蘭克·蓋瑞〔Frank Gehry〕的扭椅
〔Wiggle chair〕與丹麥紅木連座桌
互相呼應。Hervé Van der Straeten
出品的旋風燈〔Tornade〕，及貴里莫·
烏利西〔Guglielmo Ulrich〕的義大利
老件扶手椅，與餐室中的奧地利廿世
紀中期餐椅互相對話。

Art 藝術

布萊恩 · 麥卡錫

BRIAN J. McCARTHY

幾年前我設計了一處位於加州的住宅，其風格受到大衛 · 阿德勒的啟發，在古典主義的簡潔線條之上，覆以一九三〇年代的風華。屋內有條中央長廊，軸線上有座寬敞的樓梯及圖書室，我想在那座樓梯下擺個元素作為視覺焦點。一開始，我放了一張十八世紀的義大利圓桌，但它在那兒和占位子差不多，感覺只是為了裝飾而裝飾。這個客戶是個狂熱的現代藝術及當代藝術收藏家，因此後來我們把桌子換成藝術家傑夫 · 昆斯（Jeff Koons）的作品：一個重達四千磅（約一千八百公斤）不鏽鋼蛋。其效果讓空間脫胎換骨。這個俏皮的超現實物件與四周的傳統氛圍形成對照，製造了有磁吸力的一刻，不止活化、定義了這個空間，同時也抓住了客戶的特質以及他們對於收藏的熱愛。這個簡單卻有故事可說的舉措，以種種方式連接起了不同的點。

在戰前幾年，前瞻的設計師將室內設計視為一個整體的環境，整合了藝術、建築、裝飾，創造出單一的美學概念。例如尚米歇爾 · 法蘭克為納爾遜 · 洛克菲勒（Nelson Rockefeller）設計的第五大道公寓，就讓華勒斯 · 哈里森（Wallace K. Harrison）的建築、迪亞戈 · 賈可梅堤與克里斯提安 · 伯納德（Christian Bérard）的裝飾物件，以及洛克菲勒的獨特藝術收藏品，在空間中彼此平衡。在一九六〇、七〇年代，藝術與室內設計之間的關係開始分裂，一般來說，都是在室內裝修完成之後，才把藝術品掛到看起來最合適的地方。我使用昆斯作品的經驗揭示出，如果設計師將藝術品看作與布料、收尾、家具等一樣重要，都是設計成功的核心，如此一來，設計成果就可能超越一般的裝潢。令人開心的是，我的很多

客戶都是知識淵博的收藏家，對他們來說，藝術資質是他們生活核心的一部份。他們接受讓藝術品影響甚至主導了家中的圖案、顏色、質感、比例。此舉對於當代的設計具有革命性的影響，不僅回溯了較早的年代，也對未來指出一條路。

事實上，藝術可以幫助解決一般的設計策略無法占優勢的難題。我在佛羅里達設計的住宅案例正是如此。屋內起居室面積為三十英尺（九點一四公尺）平方、天花板高廿六英尺（七點九公尺），大得嚇人。我們設法透過裝飾及家具，創造另一種尺度感，讓它更人性化。我的客戶擁有一幅畢卡索立體時期的油畫，我們打算掛在壁爐上方。這讓我不得不想起在藝術史上那個特定的時刻，立體派美學的根源，尤以非洲的部落藝術為甚。我想要在牆上創造二維的壁板效果，於是我以庫巴衣料為基礎設計了層次，這種衣料使畢卡索時期得以開展。設計的結果是一種帶有異國風、不拘謹的圖樣，讓整個房間對於居住者更友善，就建築收尾上來說也更加有趣。

我的很多客戶都很熱衷和藝術家一起合作，這樣的過程可以激活室內設計，並讓結果獨一無二且個人化。有幾個人我特別欣賞，也經常和他們合作：菲利浦 · 安索尼奧茲（Philippe Anthonioz）、路易斯 · 坎能（Louis Cane）、聖克萊兒 · 賽明（Saint Clair Cemin）、派翠絲 · 鄧捷爾（Patrice Dangel）、米利安 · 艾爾能（Miriam Ellner）、克勞黛 · 拉藍（Claude Lalanne）、海倫奈 · 德 · 聖拉格（Helene de Saint Leger）、比爾 · 蘇利文（Bill Sullivan），內容從家具、照明、雕塑，到門、樓梯等，合作經驗總是具有不同的啟發

這間屋子位於佛羅里達，砂色與牙白色的威尼斯式灰泥抹牆，靈感是來自非洲的庫巴衣料。這牆面成為藝術精品的建築背景，包括左邊的阿度夫 · 構特李伯（Adolph Gottlieb）的畫作，以及右邊海倫 · 法蘭肯沙勒（Helen Frankenthaler）的作品。珍 · 羅耶爾（Jean Royere）設計的咖啡桌，桌面是石灰華石板。一對客戶自有的檯燈有著黃銅與棕色琺琅的波浪條紋。

性。將原本功能性的元素以創意詮釋，模糊了藝術、建築與設計之間的界限，這一點毋庸置疑；此外，這種合作還能轉變藝術家自身的感性，將之推至不預期的方向，並在之後導向更個人性的作品中。在所有人的努力下，包括藝術家、室內設計師及客戶，成果如同一棵美學的樹，樹枝伸向四面八方。

將藝術融入室內設計的過程中，其好處是多樣的。當客戶比較傳統時，注入當代藝術能讓一個家有心跳，但依然保持其流向。坦白說，這讓我保持如履薄冰。我的客戶購買藝術品時，常常把我當作第二參考意見；我學會不只看物件在公開的藝術史上的地位（就算評價很好也一樣），也同時要能嗅出能發出原創之聲的創作者。最重要的是，把藝術帶入設計中，這意味著不斷地尋找，帶著好奇心、丟掉判斷，保持開放的心態，不被局限於某種特定的風格、時期或偏見中；並從那些也許不見得合我品味的作品中學習。我有個客戶收藏運動藝術，雖然我個人不會選擇和這樣的作品一起生活，但看到這些作品豐富了客戶的室內以及感性，讓我感到莫大的欣喜。相對地，他的收藏也讓他能夠欣賞我個人的品味：他以往總是毫不融情地以缺乏文化為由把我釘死在十字架上，但現在他會到我家來，讚嘆藝術品是如何讓空間轉化。這本來不是他的喜好，但他真心的享受這種經驗。

藝術是個絕佳的扭轉工具，讓人的評論從「我討厭那個」跳躍到「我欣賞它」，不論是在收藏上、室內設計裡，或是生活中。

這間客廳位於紐約長島，蘇菲·凡赫爾曼（Sophie von Hellermann）的作品《請別忘了給服務生小費》，在沙發後的牆上吸引眾人目光。畫架上的作品是約翰·史密斯作於二〇〇九年的《無題》。房間內的淺藍與象牙白色調，靈感就是來自這幅畫。

Sourcing 來源

艾蜜莉·桑莫斯

EMILY SUMMERS

我的設計是屬於簡約的那類。我高掛現代主義的金句「少即是多」，意味著少堆砌、少做作，代之以多一點開放空間，並加上精選的家具及裝飾藝術。設計的成果是相當平衡與寧謐的，每樣東西都與房間的空間與體積同步。因此，簡約的設計必須經過仔細考慮方能構成。我大學時主修美術，拼貼是我最愛的技法。如今，這也轉化為我的室內設計。我把每個房間想像成一幅拼貼畫，每個物件都有其功能，不止是在使用上，也在於其形狀、大小、調性、質感，是如何成為空間整體對話的一部份。

為了取得這些拼貼的構成元素，我認識了一些廿、廿一世紀中技藝最佳的藝術家及設計師。在結合功能與設計上，創意的心靈是沒有邊界的。

自從國際網路出現之後，在獨特家具與裝飾藝術的世界裡找到方向，其方法呈指數級成長。然而，對我來說，我總是從我收集的設計、藝術、建築書籍中開始，我的圖書室就是每個設計案的主要來源。

在網路時代之前，選擇家具的過程包含了經常造訪當地的古董店、達拉斯設計中心的展示間，以及翻閱製造商的目錄。我是包浩斯的愛戴者，Knoll及Herman Miller這兩間公司的目錄曾是我的聖經。

旅行大幅拓展了搜尋的可能性。我會探索博物館、某個時期的房屋、跳蚤市場、古董店、設計商店。前往維也納、格拉斯哥、倫敦，尤其是紐約及巴黎，讓我認識了一些世上知識最淵博的裝飾藝術賣家。對學設計的學生來說，再沒有比巴黎左岸更好的訓練

場所了。上網搜尋或是瀏覽目錄無法提供這樣的經驗：實際觸摸一扇尚·米歇爾·法蘭克的細工麥稈鑲嵌屏風，或是尚·杜南德（Jean Dunand）的蛋殼馬賽克拼貼桌。有一次我在紐約一間又暗又髒的地下室，發現被肢解、丟棄的一九六六年伯納德·朗西力克（Bernard Rancillac）的「大象椅」的原型。

如今有越來越多的展覽、商展，數量比以往都要多，室內設計師在一周之內就可以接觸到數十家賣商。年度的現代主義商展已經變成我的支柱，而這類的活動也幾乎在美國的每一個主要城市中冒出頭來。「棕櫚泉現代主義展」如今每年吸引超過十萬人造訪這個加州沙漠城市；在南佛羅里達州不斷成長的藝術盛會中，「邁阿密設計展」也是其中之一；「巴塞爾藝術展」則顯示出，顧客希望家具及裝飾藝術能與他們的藝術收藏匹配。

「紐約國際當代家具展」也是一場盛大的演出。每年五月，當代設計中的最新作品、新興技術、創意思維的純粹潛力，在此展出。在二○○五年的「紐約國際當代家具展」上，有一張杰羅恩·費爾胡芬（Jeroen Verhoeven）的「灰姑娘桌」原型，讓我目眩神迷。他用電腦輔助設計，將七百四十一層合板切割五十七次，將這種低等的工業材料變成精巧的十八世紀外型。如今，這張桌子是紐約現代藝術博物館、倫敦的維多利亞與艾伯特博物館、巴黎龐畢度中心的典藏品。對於沒有在看到它的那一刻當場把它買下，至今依然讓我心痛不已。

科技不只幫助了消費者，也一樣使創作者獲益良多。當今的線上商場提供史無前例

彼得·藍尼（Peter Lanyon）的《藍色圓角》，掛在這間位於達拉斯的閣樓起居室中。羅賓森－吉賓斯設計的希臘座椅（Klismos chairs）上坐墊的淺藍紫色，就是從這幅油畫中擷取的。沙發的暖色調、抱枕、地毯，則提供了對比色。

的機會，讓設計師能參與全世界的拍賣會及其他展售會。蘇富比和佳士得等主要拍賣公司的品項中，新增了設計類別，顯示藝術藏家對於家中的家具及裝飾藝術的興趣正在增長。藝術與設計之間的界限越來越模糊，有些拍賣公司，像是富藝斯，會在同一場拍賣會上拍賣藝術品與設計產品。如今，唐納德·賈德（Donald Judd）的壁上疊砌作品，與他設計的邊桌在拍賣場上並列。

不論有多少讓人興奮的方式可以找到創新設計的來源，細膩的室內依然需要仔細地組構。這也就是為什麼我常常回顧廿世紀設計師約翰·迪金森（John Dickinson）的理念，他主張，唯有當你無法從房間拿走任何東西而不感到缺了什麼的時候，那房間的設計才算是完成。

在這間寬闊的達拉斯住宅中，花園的景色與室內提供的可看性，同樣地令人振奮。瑞典地毯定出了房間內的色調，約瑟夫·霍夫曼（Josef Hoffmann）設計的一對扶手椅，與雅克·阿德涅（Jacques Adnet）設計的兩張桌面包覆白色皮革的邊桌互相協調。

Color 顏色

馬利歐·布阿塔

MARIO BUATTA

只要用在合適的脈絡、協調的組合中，每種顏色都有美的潛力。我住過的及設計過的公寓或房子的色彩，探索了完整而無畏的色彩頻譜所能提供的各種不同的心情。顏色應該是幸福的表現。

成長的過程中，唯一讓我印象鮮明的顏色是白色，再加上少量的顏色——在我父母家中，每個房間都有白色。起居室裡有一點點粉紅色、餐室有一抹黃褐色，諸如此類的。我的臥室稍帶藍色，還有一塊蒙德里安風格的地毯，顏色是不同的棕色、黃褐色及乳白色。那塊地毯一直在那兒直到我十六歲的生日時，被允許按自己的喜好裝飾房間為止。當時我正值叛逆，想像我的房間要像個穀倉，有深棕色的牆壁、乳白色天花板，衣櫃的內部是櫻桃紅。油漆匠看著我母親，說：「那看起來會像是在一間穀倉裡。」

她同意他的看法，但還是讓我這麼做了。

我讓房間的地板滿滿地鋪上深草綠色地毯，再加上典型的楓木家具，然後再繼續用美國古董、照明、物件來裝飾。等我二十歲出頭時，我已經把父母親家中的閣樓及地下室裝滿了各種我搜尋來的東西。最後，我在紐約有了一間屬於成人的公寓，並在那裡試驗各種顏色及圖案的組合。

現在回想起來，我父母親家中的裝飾藝術風格不合我的品味。他們略帶粉紅色的起居室裡，有張覆蓋著黃綠色的絲毛天鵝絨的切斯特菲爾德式沙發（chesterfield sofa），邊緣還有黃褐色金絲流蘇飾邊，沙發的兩個角落還各有一個深棕色緞面方形抱枕。包覆著黃褐與棕色布料的座椅，放置在鐵鏽色的長毛天鵝絨地毯上。窗簾上有金棕色相間的葉形裝飾紋路，以頂端會反光的金屬杆子掛在窗前。

我還記得十歲的時候，看到莉莉阿姨家廚房裡藍色、白色、黃色的組合，讓我很驚訝。我問我母親問什麼我們家裡沒有那些顏色，她悄聲回答我：「那太愛爾蘭了。」

嗯，不管是不是愛爾蘭，我的上兩個公寓都有這種色彩組合。

真正改變我生命的轉折點，發生在我在巴黎帕森斯設計學院念書的時候，我的指導教授是史丹利·布朗斯教授。一九六一年，在我們早先幾次參觀現代藝術博物館裡的後印象派畫廊時，有一次布朗斯教授突然大聲地說，要是我們不懂亨利·馬蒂斯（Henri Matisse）、皮爾·波納爾（Pierre Bonnard）、愛德華·維亞爾（Édouard Vuillard）等人對色彩的使用，絕對成不了好的室內設計師。

我很慶幸當時接受了教授的建議，那改變了我職業生涯中對於使用顏色的看法。我從沒有忘記過那堂課，以及之後幾十年色域繪畫（Color Field）的藝術家，像是馬克·羅斯科、肯尼斯·諾蘭德（Kenneth Noland）等人，他們以全新、令人興奮的方式使用色彩，如同手持火炬一般。

我的第一個公寓是L型的起居室兼臥室。我把室內從天花板緣飾以下，整個漆成茄子色。窗戶上的布料是英國花朵印花棉布，我在之後的四間公寓也都用這樣的布料，只是背後的牆壁換成香蕉黃、茶褐帶銀色、開心果綠以及淺藍色。廚房裡沒有窗戶，所以我把它漆成米白色配淺藍色天花板，把天空帶進室內。

這間位於曼哈頓的公寓的所有者是一位金融家及他的妻子，裡面充滿了冰沙般歡快而豐富的色彩。鉛色的桶型拱頂天花罩住這個空間。空間內飾以布阿塔最知名的印花棉布，別具風格的葉形印花及幾何圖案。

浴室裡則是深藍色加上藍白色斑馬印花的浴簾、黃綠色土耳其毛巾。產生一種大自然色彩愉悅組合的效果。

在室內裝潢中，顏色設定了房子的情緒，因此需要仔細考慮。我總是建議客戶考慮把玄關設定為自然的顏色，例如天空的淺藍、公園景致的淺綠、沙灘的黃褐、陽光的黃色等。把室外帶進室內，在城市環境中可以是很成功的；而在鄉村，中性的色彩像是灰、褐，就能讓你從花園裡明亮的色彩組合中得到喘息。

有了這些指示之後，你就可以開始從一個房間移動到另一個房間，賦予它們不同的色彩（而且每一種都不重複！），並確保這些色彩與屋內每一間房間的使用方式相對應。舉例來說，把書房或休憩處漆成棕、紅、深綠這類的深色，可以創造出舒適的氛圍。同樣的原則也可以應用在內室或是樓上的家庭起居間。務使色彩從自然的中性，進展到轉換心情的色調，以配合每個空間。

我從未見過哪一種色調或是顏色是我不喜歡的。有時候我會想我大概是在彩虹下出生的，只不過我沒有幻想要找到諺語中所說的一桶金子。話雖如此，受到色彩啟發、細心思考的室內設計師，若願意將自己沉浸在奇妙的色彩世界中，就能在一桶油漆中找到金子。

鮭魚粉、硃砂紅、極淺的藍，再加上些許豹紋互相融合，在這間公寓中創造了出其不意、微帶異國風情的房間。這間屋子曾屬於美國傳奇設計師希絲特‧派瑞許。牆上的茶褐銀色壁紙，讓原本可能暴走的顏色組合穩定下來。

Gray 灰色

蘿拉・伯恩

LAURA BOHN

在室內設計的領域中，灰色，就如同其他的顏色，在潮與不潮之間來來回回。但是我從執業的開端，就對灰色這種顏色（更正確地說，是非顏色）以及它的種種偽裝情有獨鍾，它八成也是我最常用的顏色。灰色是永不失敗的經典，對我來說永遠都有型。

我對灰色蘊含的種種設計可能性感到著迷，很可能從小就開始了。我戰後在德克薩斯州長大，我那超有型的母親在家中的起居室裡，擺放深灰色的地毯以及粉紅色的沙發，這個色調組合讓許多休士頓郊區的居民瞪大了眼睛。幾年之後，當我應徵巴黎迪奧的高級定製服模特兒時，面試我的竟然是馬克・伯翰本人，而蒙田大道的那間知名的沙龍裡，淺灰與白色組成的裝飾是如此不可思議地別緻又耐看，害我都不知道哪個比較耀眼了。那種珍珠般的色調經常被暱稱為迪奧灰，其實真正的名稱是「特里亞農灰」，取自凡爾賽宮裡那座十八世紀精美的小城堡；城堡裡大量使用了這種灰色。迪奧的沙龍引用這種顏色作為路易十六時期的風範，因為這位皇帝很喜愛這顏色。

這種早期印象派的潛移默化，後來被普拉特學院（Pratt Institute）正式的課程取代，一九七〇年代末期，我在那兒求學，師事傳奇的設計師喬・德烏索，他以極具辨識度的高科技室內設計聞名。他那些無色的空間，白牆、黑皮革、鍍鉻家具、木炭色地毯、金屬灰工業風配備，對我來說自然深受啟發。如此一位大師，竟允許像我這樣的初學者四處潑灑她最愛的無色彩。但更重要的是，在德烏索嚴厲的指導下，我學會了如何將顏色視為建築的一部份，是不可分割的一部份，而非只是裝飾性的元素。

我被教導著手每個設計案時，都始於基本的空間問題：如何創造它、控制它、組織它、擴張它、收縮它、激活它、馴化它，讓它依照我們意志而改變。顯然，顏色是種非比尋常地有力的方法，能達到這樣的目的。但我也很快注意到，灰色在這個操控空間的遊戲中，是個很有力的角色；灰色和其他比較明亮的色彩不同，它從不會吵鬧、囂張或是粗糙。不論是哪一種灰（纖細的淺灰、憂鬱的深灰、酷又超然的、溫暖怡人的），灰色永遠輕聲、平靜、放鬆。連戰艦灰都是和平的而不是威嚇的，雖說它的名稱以及聯想是另一回事。暴風雨的烏雲可能讓人覺得不祥、受威脅，但它的顏色卻是柔軟的、平靜的、深刻的。

我在一開始（以學生的身份）參觀工地，看到牆上未完成的石膏板灰色石，就發現灰色有這種「得勝羔羊」的特質；即便當時牆上還貼著膠帶、覆蓋著填泥料，石膏板還是呈現出完美的灰色調，它遠遠地退到背景裡，幾乎看不見了；但它卻往往比最終牆上塗的色彩更能定義空間。未上光水泥牆及地板也有同樣的沉穩的力量，這種材質不只可以在施工現場看到，也出現在當代最前瞻的高科技設計師引領潮流的作品中。

等到我成立自己的設計工作室，當時最潮的就是大量採用白色的室內。我也做過白色及其他顏色為主的室內設計，但我總是會被吸引回到灰色，以它作為我設計的空間中的優勢調性。我認為用建築立面上的陰影來比擬，最能形容我使用灰色的方式。日光在結構上的演出，不論是戲劇化的或是隱約的，總是看起來與結構的表面、量體、被照亮或是沒入黑暗中的虛體，完美地融為一體。陰影是完全中性、預期中的現象，因此能發揮其功能以詮釋

在聚光燈下，宣偉塗料（Sherwin-Williams）的恬適灰色帶有一種爽利的特性，加上這個角落的建築稜角，牆上高登・帕克斯（Gordon Parks）的黑白照片，使空間變得完整。啞光的瓷磚地板，一對經典的氧化鋁托勒密壁燈（Tolomeo），使這個空間獨一無二。

一棟建築，有陰影時讓建築瞬間活過來，沒有時則讓建築物平板而無生趣，但陰影本身卻不吸引任何注意力。

對我來說，灰色的功能就和陰影一樣。它是無色的，通常不會引起注意。它可以是無名的，卻不是沒有個性的。想讓室內的顏色果斷而令人難忘，這也沒有什麼錯，可以把房間漆成腥紅色然後稱之為紅色房間。原本傳統的裝潢就是理所當然這樣做的。但我的興趣不在此。我想要的是體驗並記住空間的一體性——空間的界定令人愉快，其量體簡單而易明瞭，並與其中家具、藝術品的擺設構成完全的整體——而不用去注意牆上引人注目的色調。

很多設計師用純白色也是出於同樣的理由，但我覺得白色太強烈、令人無法放鬆，幾乎就像是身處沙漠的烈日下，舉目所及無可遮蔭。相較之下，灰色就像是絕佳的變色龍，皮膚色調似乎不斷變化，以便更能融入四周圍的環境。某些灰色在光線照射下，會看起來完全像是白色一樣；而有一些則會在暗淡的燈光下變成黑色。實際上，灰色深受照明影響，會顯得冷（藍色、綠色、紫色）或暖（橘色、黃色、紅色），所以每種灰色調都必須拿到不同的光源下測試。有幾種我最愛的灰色已經過上千次這類的分析，如今我憑直覺就知道在哪裡用哪種灰色最好。就如迪奧一樣，我總是在尋找那一種灰色：它可以在生活這個行業裡成為完美的背景。

這間起居室的牆，漆成宣偉塗料的「多利安灰」。這種顏色會在不同的光線下變動，但又沉靜地足以完美襯托安東尼奧·慕拉多（Antonio Murado）的油畫。這幅畫印象派般的層次，與水泥磨光地板、棕色毛海及灰褐色的家具面料、抱枕的布料互相呼應。

White 白色

戴瑞爾・卡特
DARRYL CARTER

　　好的室內是由何者構成，看法當然因人而異。美只存在觀者眼中，就室內來說，觀者就是這個家的居住者。就我的意見來說，讓室內設計偉大的是語彙的連貫性，以及一個空間如何和諧地過度到另一個空間。因此我偏愛中性的配色。我不會把這些色調當成基本設定，而是當作安穩地支撐所有設計元素的理想背景。進行設計時，我極端重視人、生活方式、場域感，把這些植入藝術、美術、古董中，同時這一切都延續建築的脈絡。中性的白色調讓前述種種的輪廓呈現，強調它們雕塑般的特質。在各種不同的白色調之下，建築可以被清晰地傳達。

　　身為藝術愛好者，我天性傾向於創造不會和藝術品本身競爭的空間。我想，這也是為什麼大多數的藝廊都是清一色的白。人們常常會問我，我用不用顏色。答案是當然會，這是依據客戶對空間的需求而定。一般來說，我喜歡看到顏色的地方是在油畫上，或是地毯上。我常常讓古董地毯反面朝上，如此一來色調變得非常低，成為空間中更大型的元素的陪襯。一般來說，要是我用了顏色，那顏色多半是地毯上最淺的顏色，並試著創造出那種幽微色調的白色。我敢說，我絕對不會用藝術品上的顏色，衍伸為牆上的顏色。

　　我傾向此採取大膽的手法、大幅的油畫、超大尺寸的古董物件、顯眼地掛在牆上，因為四周的白色空間讓這些物件更顯眼。例如在廊道的末端，以節瘤胡桃木或是烏木的古董放在白色的背景中，形成明確的節點，成為眼光自然的停留之處。這些物件經過仔細思考之後，與室內搭配，就會出現節點，就如同句子中的標點一樣。白色是種高深的顏色，在只

白色的建築外層成為戲劇化旋轉樓梯的背景，深棕色扶手及梯級使樓梯更加突顯。古董地毯刻意以反面朝上，以免搶去樓梯的風采。

有簡單裝飾的空間中它毫不容情；因此必須小心地加以選擇。當我在辦公室中檢視員工預備好的中性色調時，我發現自己成為許多悲愁的來源。我總是會說這個太粉紅、太綠、太黃，然後開始動手拿掉不合的色調。

我對不同的細微色調非常敏感，這些色調是合成油漆必然的一部份，尤其是白色。選擇布料時，色調扮演的角色非常重要，尤其是布料必須各自獨立又和諧地替房間著裝。有一個常見的迷思，就是所有的白色與中性色調，都可以輕易地互相搭配。白色與中性色彩其實可能更難處理，必須訴說有機的色彩故事。在這樣的脈絡下，材質在創造一種對比感上，扮演著非常重要的角色。

設計中使用布料時，在一個空間中同時使用白色或中性色彩的亞麻、天鵝絨、法蘭絨、皮革、麂皮，往往就能達到這樣的效果。如果組合的色調編排得宜、相互統整，這樣的空間一眼看去會如同沒有阻礙的地景，各個部分組合成整體的地形。其次的效果是吸引目光停留在個別的物件上，那兒顯示出更深的層次，讓人看見各種獨特的質感是如何構成一個更大的集合。

在設計中，以連續的白色調作為空間的核心，空間的體驗會是整體而曲折的視線，不被色調或是顏色突然的變化打擾。如此的結果，其反應總是包含了平靜在內。

這住宅位於華盛頓特區，一對新文藝復興式樣的扶手椅，分立在雕飾的壁爐兩側。靠背一體成型的沙發是訂製的，面料是中性的竹節紋亞麻。古董法國臥榻上的靠枕，有內斂的條紋，呼應了白色鑲板牆上嚴整的圖案線條。

Red 紅色

亞麗姍卓·布蘭卡

ALESSANDRA BRANCA

我不知道自己是何時開始愛上紅色,但我是在羅馬長大,此地的文化飽含顏色的各種形態,從文藝復興時代繪畫裡的各種龐貝紅、青空藍,到細灰泥牆上垂下的翠綠常春藤。紅色從一開始就滲入我的意識中,拉斐爾、提香這些大師讓人入迷的畫作、鮮花廣場上亮紅色的番茄、甚至托斯卡尼被太陽烤了幾百年的土地,這些地方我都發現了紅色的身影。這些強烈的影響變成我的一部份,不下於我的母語或是生命地圖。

雖然我喜歡光譜上的每種顏色,但我的羅盤總是會把我導回各種不同的紅色。紅色有種生命力讓我覺得開心。對我來說,紅色代表熱情,包括對歷史的熱情,對文化、傳統、家庭,甚至對卓越的熱情。很多人都覺得紅色讓人興奮,但我卻覺得它讓人平靜。有些科學家認為我們在子宮內能感受的顏色,在黑白之後,第一個就是紅色。紅色不是單一的色彩,有牛血紅、中國紅、旗紅、茜素紅、猩紅、珊瑚紅,以及介於之間的幾百種顏色。

我不是在建議你把整個房間都漆成紅色,雖說了不起的Vogue編輯戴安娜·維蘭德就是這樣做。一九五○年代,她和設計天才比利·鮑德溫合作,創造了「地獄花園」——她家裡這間完全紅色的起居室,成為裝潢史上的最具辨識度的房間之一。維蘭德曾說過:「我的一生都在追求完美的那種紅色。我沒辦法讓畫家為我調配出那種顏色。那就會像是在說:『我想要洛可可風格,但帶一點哥德式樣,還要有點佛教寺廟的樣子。』畫家搞不懂我在說什麼。最棒的紅色,就是複製任何一幅文藝復興時代的肖像畫中,小孩子帽子的那種顏色。」

在歷史上,紅色充滿象徵意義。它一直被視為有保護的力量,戰士會用紅色的顏料塗臉,保護它們對抗惡靈。紅玫瑰象徵持久的愛與忠誠。紅色在中國是最被珍愛的顏色,在亞洲大部分地區紅色都象徵好運。紅色也是節慶的顏色,它慶賀生命,強而有力。在美國,紅色也有深刻而豐富文化來源。誰忘得了《綠野仙蹤》裡的桃樂絲急切地敲響她那雙寶石紅便鞋的鞋跟?抑或偉大的電影《大國民》中那謎樣的玫瑰花蕾?雷德弗萊爾(Radio Flyer)的紅色小車、春天的紅雀、經典的紅唇膏、閃亮的紅蘋果等,都無法不教人懷念。

紅色的豐富性,在很大的程度上仰賴光線、環境及材質的效果。以藍為底的紅色和與黃為底的紅色,屬於兩個不同的世界;但在室內設計中,這兩者可以非常成功地混搭。塗料會像海綿一樣吸收紅色素,因而改變其濃度。牆上貼的紅色毛氈或布料,就會比同樣的顏色用在其他地方更引人注意、有深度。光線也會改變紅色,因而使得全世界各地、各個季節中,對紅色的解讀有所不同。位於羅馬的起居室裡磚紅色的牆,和巴哈馬的珊瑚紅看起來非常不同;美國西部粗獷的紅,與紐約市裡纖細的紅也很不同。質感在紅色的演出中也扮演了一角,長毛絲絨濃郁的紅、漆屏上的紅漆光澤、古董土耳其地毯紅色纖維的溫暖,在在有所不同。

就算你是死硬派的中性色調主義者,也考慮加上一抹紅色吧。不論是燈罩、抱枕、書封面、陶瓷,或是一件家具;就算是在設計中扮演配角,它也會有其主張。把紅色想像成香料,正確的分量、巧妙地使用,它會讓你的生活增添能量。

Zuber出品的美妙灰色彩繪壁紙,為這間位於芝加哥的頂樓公寓門廳,定下了很酷的調性,以歡迎來客。一八二○年代的英國攝政時期風格早餐桌、一對路易十六風格的上漆長凳,座椅覆蓋蓋蓋著紅色天鵝絨,還有一些二十世紀中期義大利恩波利地區的玻璃瓶磚,讓整個場景變得完整。

Neutrals 中性色調

瑪利葉特‧西梅斯‧高梅茲與布魯克‧高梅茲
MARIETTE HIMES GOMEZ *and* BROOKE GOMEZ

中性不一定無趣；但確實，中性色調若是用得不得法，確實會有點沉悶。有效地使用中性，其中的一大祕訣就是隱約的層次與變化。我們倆雖常被視為中性色調的鼓吹者，我們對柔和色調的愛戀也確實有一段歷史了，不過我們的房間裡還是有顏色的，只是這些顏色不會對著你的眼睛尖叫。

使用中性色彩的規則，隨著其使用的房間而定。中性色彩的臥室讓人感到安定。中性色彩可以用在整個空間中，包括牆壁的顏色、地毯、家具面料及窗簾。我們從地毯開始，漸次發展；我們偏好使用同色調配色的長毛地毯，覆蓋整個地板，而非塊狀的局部地毯。連更衣室及櫥櫃旁都鋪上，感覺就非常奢華。

中性色彩可以、也應該要有層次、衝突，讓房間增加深度。並且需注意使用不太冷的中性色彩。白色看起來可能冷峻而非溫暖、宜人。使用木框家具可以傳達溫暖，椅子或床頭櫃都是如此。將木頭框架與中性色調的面料結合，會讓房間的層次更多。照明就像家具一樣，也會為房間增添顏色與能量。可以將古董玻璃燈的顏色，延伸到抱枕、床組，甚至皮革的桌上配件。檯燈上的一種淺綠色，就可以很好地轉換為桌上的鮫皮吸墨墊，或是筆筒的顏色。

起居空間需要光線、中性色彩及舒緩的色調，相對地，書房及餐室就需要較深濃的色彩。書房適合木頭牆板，餐室的牆壁顏色則要添加一些刺激，也為燭光增添些許熒熒。起居室裡，中性色調的層次要達到平靜與深度，將這些色調與各式各樣的布料相搭，提升色調的複雜度。再說一次，使用同一種顏色並非沒有限制。具有起居室特性的色彩，可以用這些讓人平靜的色彩組合，但更有活力一些，並且應該傳達家主的個性。一抹愛馬仕橘或蒂芙尼藍是切題的，也往往是恰當的。使用中性色調的設計並非禁止使用顏色，但也不至於在原本中性色調的房間裡，丟進一個亮粉紅的抱枕。相反地，我們會用淡藍或灰綠，而把更強烈的色彩留給化妝室、門廳或廚房。

關於白色有幾句話要說：事實上，有一百萬種不同的白色，替牆壁選擇完美的那種白色是必不可少的，因為牆壁的顏色主宰了對房間整體的印象。浴室適合爽脆的白，而藝術收藏家則會偏好比較溫暖一點的白牆；藝術品提供的可能性需要被尊重，最好以中性的背景呈現之。

配件代表另一個增添中性的機會，陶瓷花瓶、玻璃花瓶或古董盒子這類的收藏，會讓任何一個室內空間更有味道。此時設計的任務是強調它們的內涵，同時保持其低調。但房間內還是可以有個亮點，例如說在中性的背景上，安置大型的置頂燈具。

總而言之，中性的配色其結果是量身打造的、凝聚的空間，其中比眼睛所能見的要多得多。這樣的房間在許多層面上令人欣賞，讓人總會發現一些新的東西。我們身為設計師的挑戰，就是一方面提升中性的房間，一方面置入令人驚喜的元素，以一種新的、有紀律的方式思考並使用顏色……或是不使用顏色。

這處門廊位於公園大道上的公寓內，乳白色的牆面襯托了當代風格石頭與鐵製的壁架。靈感來自裝飾藝術風格。小型的青銅雕塑呼應牆上盧西安‧弗洛伊德（Lucien Freud）畫作中的人體。

這間位於曼哈頓第五大道上的雙拼公寓，起居室的牆有驚喜：壁鑲板其實是利用了視覺的錯覺，而且是原本就屬於這間公寓的裝潢。設計師在巴黎找到原本繪製這個壁板的藝術家，並委託其人負責翻修。中性色彩的沙發以豐密的流蘇飾邊，達成平衡。

Black 黑色

卡拉·曼

KARA MANN

黑色是豐厚的。它既是圖像的,又有迷人的多樣性。它橫跨新與舊,是現代與傳統之間的那條線。最重要的是,它總是讓人深深著迷。

黑色並非一成不變,它的各種變化可以與溫暖產生共鳴,也可以變出素樸或是奢華。有柔軟的黑、溫暖的黑、偏綠的黑,還有棕黑。從完全不反光到絲絨光澤,黑色的質感也同樣廣泛。有很多種黑色能創造溫暖的層次,既能提供視覺上的吸引力與深度,又不影響清潔的複雜程度。

黑色的各種不同形態提供了一個交匯點,讓傳統的優雅與現代的前衛可以共存。例如在芝加哥我的公寓裡,我把布雜藝術風格的石膏飾邊,塗上一種特別的黑棕混合色,成為新與舊之間的橋樑,讓比較傳統的背景與現代感的物件,包括克里斯汀·李艾格及愛馬仕的物件,在同一個空間裡舒適地並存。

雖說黑色可以讓空間退縮,但也可以突出建築重點。將室內的某些主題塗上黑色,創造出乾淨、圖畫式的線條,能為空間注入高度的戲劇感。在紐約的切爾西旅館(Chelsea Hotel)內,我把大型金屬樓梯旁邊的牆面漆成墨綠黑,創造出沿著十二層樓板蜿蜒的戲劇化通道。

黑色的家具在比較輕盈的環境中,會顯出堅實的量感,在房間中清晰地宣告其存在。任何黑色的家具自然都有雕塑般的量感,如同剪影,具有存在感。和傳統的棕色家具比起來,烏木家具在淺色的牆面襯托下,會有一種立體書法般的效果。捕捉明晰簡潔的黑色線條,創造出不畏時間考驗的設計,是以顏色為傳統帶來新穎性的另一種方式。

在紐約一間單身漢的雙拼閣樓房裡,我用了大量的深黑色以顯出強悍。廚房地板用炭色凱瑟尼斯石、克里斯提安·阿斯圖奎韋禮(Christian Astuguevieille)設計的裹繩長桌、浴室裡黑色亮面的檯面,營造出強而有力的男性氣氛。

我想幫自己設計的下一個房間,將會強調色彩之間的關係,其靈感來自羅伯特·海因肯(Robert Heinecken)的黑暗房間內裸女系列攝影作品。它讓我想起黑色與白色之間微妙的關係:在純白旁邊,黑色顯得太明快、太鮮亮了;我比較感興趣的是像黑白片中那樣陰晴不定的黑與白。陰鬱的紫色、調暗的琥珀金色、略帶金屬感的深藍與綠,這些都可以成為俊俏的點綴。

黑色的房間有無可挑剔的傳承。想想一九七一年馬克·漢普頓設計的著名的房間,有棕黑的牆面、象牙色的飾邊、柿色絲布沙發。至於時尚設計師,從香奈兒的嚴謹優美,到亞歷山大·麥昆的大膽之美,黑色常年以來都是時尚的關鍵字。時尚比起室內設計變化更快,因此室內設計師可以從時尚中擷取靈感:巴黎世家、紀梵希、Céline等。我喜歡將經典的時尚材料重新詮釋,為今日量身打造。

黑色是豪華與神祕的代名詞。不論是點綴或是作為主角,黑色都會在房間中傳遞出藝術與風格的訊息。

在這間位於芝加哥的磚造房屋裡,鋪滿房間地面的劍麻地毯統一了這間幾乎完全向室外開放的房間,一塊古老的于闐地毯界定出靠近窗戶的座位區。以布套覆蓋的訂製椅,旁邊是銅與玻璃製咖啡桌,成為空間的範疇。黑色的點綴包括Jean de Merry出品的櫥櫃、石面置物架,以及衛星風格的天花板燈具。

Rarity 稀罕

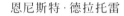

恩尼斯特・德拉托雷

ERNEST DE LA TORRE

某樣東西很稀罕，一直以來就是促使人們旅行遠方、忍受艱苦，甚至發動戰爭的動機。香料、紅寶石、手稿……人們對於世上稀罕物的執著之記錄甚多。

從設計上來說，統治者與宗教習於用稀罕物來提升自己在同儕之間的地位，或是定義神聖的存在。法貝熱彩蛋（Fabergé eggs）至今依然讓人聯想起俄羅斯沙皇，正如同斑岩大理石讓人想起羅馬時代以及之後的教皇。很多這類的珍寶比它們的原主人活得更久，之後的世代則用它們作為功成名就的指標。

今時以往，偉大的大師像是羅伯特・亞當、埃米爾雅克・魯爾曼（Emile-Jacques Ruhlmann）、倫佐・莫賈迪諾等人，創造出不怕時間考驗的設計。他們當然也用了稀罕的物件及佈置，但他們的作品有個共通點，就是同樣都是由藝術家獨到的視野所創造，藉由宛如指揮家指揮交響樂團般的精確，讓許多工藝品有了生命力。雖說設計師會用稀罕物件填入空間，但我相信，真正的稀罕是由設計師的知識及能力所創造的。

我在倫敦的蘇富比藝術學院修習法國裝飾藝術設計時學到，以前從事這一行的，做設計時將室內的方方面面都兼顧了，從照明、家具到地毯、織品，因此能為客戶打造稀罕且個人化的環境。在如今的世界，只要點一下網頁就有上千種椅子、地毯、紡織品任君挑選，前人的那種心力已經成了失傳的藝術。

昂貴的材料並不是衡量稀罕性的指標。稀罕的室內設計，是完全按照客戶的希望所打造，完美地符合他們的渴望，同時也整合了稀罕的材料與物件。要達成這一點需要高度的能力與思慮。我發現讓室內變得特別的其

在這間有型的臥室裡，訂製的亞麻皮革編織床頭板，與床上的手織床罩相搭配，與中島米拉（Mira Nakashima）設計的床形成對照。一對馬修利・馬戈（Mathieu Matégot）設計的閱讀燈及兩盞珊瑚石檯燈，在夜裡點亮房間。

這間住宅位於佛羅里達的棕櫚灘，埃里克‧弗里曼（Eric Freeman）的大幅畫作，掛在訂製的絲布沙發後方，靈感來自於尚米歇爾‧法蘭克的設計。咖啡桌周圍的四張椅子，讓人想起埃米爾雅克‧魯爾曼（Émile-Jacques Ruhlmann）的風格。鼓型桌覆蓋著鮫皮，桌面是孟加錫黑檀。

中一種方式，就是使用稀罕的陳設，這稀罕是因為只有少數的匠師知道如何完美地掌握。一開始可能不明顯，但它會漸漸地讓業主和訪客都沉迷其中。

麥稈鑲嵌板就是這種陳設之一。雖然匠師們會搜尋特別品種的麥稈，但是稀罕的是工匠的手藝而不是材料。麥稈鑲嵌這種工藝已經存在了幾百年，文藝復興時代的藝術家用非常薄的鑲嵌片製作精細的圖畫。尚米歇爾‧法蘭克把這種藝術形式帶進廿世紀。只有很少數的建築設計師有辦法與現今仍在世的幾位匠師合作，發展出這樣的細節。困難的不只是工法而已，其過程還需要非常精確的繪圖及執行。這樣最終的成果會創造出讓人目瞪口呆、獨一無二的房間，只有極少數人有幸能欣賞。

還有另一些訂製工藝的例子，會讓客戶深感特別，讓他們的房間獨一無二：以手工灰泥飾邊的牆、訂製的刺繡、精緻的手工印花或是刺繡的壁紙、雕花鍍金的玻璃等。有些客戶喜歡更為持久的元素，像是手工鑄造的銅金屬加工，或是客製化設計的細工馬賽克大理石地板。不論使用的元素是珍貴或樸素，擁有這樣的房子會讓業主覺得與四周的環境有聯繫，也反映了業主的個性。

如今，真正的稀罕在於擁有以藝術的視野、工藝的精確，經過精心策劃與執行的建築及裝修環境。這樣的環境能發揮比個別元素的總和更大的效果，它的美學統一性，比其中任何一項物件、工藝品，更具稀罕性及價值。

INSPIRATION

靈感

Inspiration 靈感

湯瑪斯·法桑特

THOMAS PHEASANT

設計過程中，沒有任何元素比找到真正的靈感更重要。在我從事室內及家具設計的這些年當中，我發展出自己的一套眼光，以尋找特別的靈光乍現，讓它能導向一個空間、一張桌子，或是一個色彩組合。

世界是無窮的靈感來源，你要做的只有花時間去探索而已。然而，靈感並非模仿。並不是單單重新創造你看過的東西，而是將你經歷過的，滲透入你自己的美學感性，當它再度浮現時，就會呈現出全新的面貌。

我有一個很好的例子：若是你在巴黎的藝廊中發現一張漂亮的古董椅，將它拍照並傳給工坊，讓他們製作出同樣的椅子，那只不過是複製而已。有眼力看出值得複製的物件，並不是件壞事。有很多有才華的設計師，他們職業生涯的發展就是建立在慧眼獨具上。但是另一方面，研究這張椅子，看看究竟是什麼讓它漂亮，這才是獲取靈感。讓你目不轉睛的是比例嗎？收邊嗎？還是細節？然後擷取你認為有趣的元素，用你得到的領悟去創造一張新的椅子，且讓它和靈感來源保有不可或缺的聯繫。

靈感可以從任何地方來。我常常想，我們被自身四周的環境所圍，沒有時間去發現自家門外發生的事。任何一個創意工作者能給自己最好的工具，就是走出室外。隨著時間過去，你會發現自己的眼睛敏於發現那些能啟發、激勵你的事物。

眾所周知，我的設計中家具及配色都很簡單。我發現每個設計案都是它自己獨特的畫布，而設計的過程應該始於清晰的願景及方向。話雖如此，卻不是每個案子都有美妙的元素能啟人靈感、讓設計架構於上。事實上，

我設計過的幾間最讓人激動的房子，原本都需要經過深思熟慮，檢視什麼值得留下，什麼又必須移除的。

有個切合的例子，是我在紐約南安普頓完成的個案。那棟屋子有一百年的歷史，外觀是經典的木瓦屋風格（Shingle Style），非常傑出。問題在於室內，好幾任不同的屋主對室內進行了各種修繕，卻與那帥氣的建築外觀毫無關聯。我期望以現有的建築當基礎，在其上進行室內的更新；但也覺得我需要點什麼別的，做為室內的靈感來源。

屋子的四周相當可觀，行走其間，我深深折服於花園中的美，於是我決定將花園當成我的靈感來源，以創作室內的細節。從古典風格的語彙中，我將許多不同的花園元素放進室內的建築與家具中。以石膏在天花板做出花朵裝飾、格子狀圖樣的牆板，融入了這間屋子的傳統美學中。地毯及牆壁的裝飾處理，靜靜地引介就在窗外的那些元素。

當然會有很多設計案，原本並不帶有能啟發你設計方向的現成來源。有一位非常特別的客戶，給我看只有兩片混凝土塊圍成的光裸空間。當我抵達新案子的位址，我唯一需要處理的元素（除了大量的空間之外），就只有一長排大型窗戶，窗外是讓人屏息的曼哈頓中央公園美景。

那時我需要一個想法、一個受到啟發的願景，讓我看見這個空曠的空間能變成什麼。我立刻想像好萊塢一九四〇年代拍的電影，影片中呈現出紐約公寓的風華，還有巨大的窗戶能看見美麗的天際線。我把這樣的意象當作工具，以設計一個寧靜、現代的綠洲，高擎於城市之上。我從廿世紀中期好萊塢設計師，

這間餐室位於紐約南安普頓的住宅內，窗外是赫赫有名的花園，餐室的設計就是為了讓人感覺宛如置身花園內的涼亭中。天花板的靈感來自窗外的山茱萸樹，以石膏製作出精美彎曲的樹枝及花朵。

ART + ARCHITECTURE

如威廉‧海恩斯（William Haines）那種光潤、奇想的風格中取得線索，開始構築被老電影所啟發的室內設計，但依然維持我當代而簡潔的語彙。

關於用靈感點燃設計火花的故事，說也說不盡。最重要必須記住的是，我們都是透過自己獨特的鏡頭觀看這世界。關鍵在於找到自己的方式，將你四周的事物加以闡釋，並知道該將焦點置於何處。若說模仿是最真誠的讚美，那麼靈感的塑造僅及於種子，開出的是創意的花朵。

受一九四〇年代好萊塢電影啟發，這間位於公園大道南、巨大而壯麗的現代住宅中，面向中央公園及上半個曼哈頓的景觀占了主導的地位。屋子裡擺放了屋主收藏的現代藝術品，包括右邊台座上野口勇（Isamu Noguchi）的雕塑。

Jazz 爵士樂

桑德拉·努勒列

SANDRA NUNNERLEY

如果你和我一起坐在我那間位於紐約的公寓起居室裡，以下是你會看見的幾樣東西：一九三〇年代尚米歇爾·法蘭克的椅子、詹森之家（Maison Jansen）出品的廿世紀黑色漆面皇家款桌子、衣索比亞酋長的椅子、理查·塞拉（Richard Serra）的畫作、路易十四時代的壁架，上面的鍍金已經剝落，所以你可以將注意力放在木頭美麗的雕刻上，還有一張一九七〇年代的義大利壓克力邊桌、一個手織絲布的抱枕，是某次緬甸之旅帶回來的、沙丁魚罐頭製成的雕塑則是我在南非旅行時，在路邊撿來的。

這些東西放在一起沒有什麼邏輯可循，只不過是因為我喜愛它們。但如果要我解釋這間房間是如何設計的，我想最簡單、最鮮活的說法就是——爵士樂。

我在雪梨學建築時，在金·波尼松（Kym Bonython）經營的藝廊裡工作，他是一位了不起的人物，熱愛爵士。他會籌劃音樂會，邀請傑出音樂家到澳洲演出。我還記得艾靈頓公爵親吻我的手、勒尼斯·孟克（Thelonious Monk）在波尼松歡樂的海港船遊中彈鋼琴。感謝波尼松，讓我的眼睛與耳朵浸淫在藝術與音樂中。

爵士樂之中有種讓人感到十分振奮的自由，那是一種臨場發揮、即興反應的能力，藉以發明與探索。我把同樣的自由用在設計上，從全球各地的文化中擷取靈感，並與各式各樣的地區與時期保持自由連結。

就像一段音樂始於寫譜，我的設計始於建築。首先必須有骨架，才能開始設計室內；就像爵士樂手用寫就的和弦即興發揮一樣。設計

我自己的公寓時，我必須先將空間清空，將這棟十九、廿世紀之交由卡雷爾與哈斯汀事務所（Carrère & Hastings）設計的街屋內，五樓兩個相鄰的單元打通。位於前面的公寓單元的天花板特別高，我迫不及待地把隔間牆拆掉，好建構一個大而四方、擁有古典比例的起居室。我在起居室裡增添了古典的細部，像是客製化天花邊緣浮雕及護牆板。為了讓壁爐可以用，我用了一個低爐膛加以重建；壁爐開口低且短，因此不能用古典的壁爐架，於是我設計了一個極簡的銅壁架，並在它上方掛了一面長挑的方形鏡子，使這整個構圖有恰當的比例。我還設計了一張長而低的沙發，可以輕鬆自如地坐得下六個人，並把沙發安放在壁龕內。接著我就開始把玩我那些博採各家所長的椅子和物件收藏，把一支毛利短扁棒武器放在肯尼斯·諾蘭德的畫作旁邊。這種對照正是爵士樂最重要的精神。

我知道自己不想浪費空間做正式的餐室，那不是我的風格。朋友來我家時，想在哪兒吃東西就在哪兒吃，這樣比較有趣。那張詹森之家的桌子通常放在臨街的窗戶邊，上面堆著書；但在晚餐聚會時，我也常把這張桌子推到房間中央。這樣一來，在寒冷的冬夜裡我們就可以坐在火爐邊。我喜歡這樣的彈性。這種改變與移動的概念是直接從爵士樂來的。

爵士樂手開始即興合奏的時候，你不會知道他們會在哪兒結束，但就是因為這樣才好玩。先有夢想，然後裝潢。保持隨性。當一切都很順利時，感覺很棒……也是一段很棒的旅程。

多樣的家具及藝術品，在設計師位於曼哈頓的自宅中，演出即興的跨文化融合樂段，包括理查·塞拉（Richard Serra）的畫作、路易十四時代的壁架，以及一九七〇年代的義大利的壓克力桌。

Classical Music 古典樂

麥克‧西蒙

MICHAEL SIMON

兩種藝術形式往往以一種併行的方式，互相補充、相互對應。這一點，我是以非常個人的方式發現的。

在我從事室內設計工作的很久之前，我主修的是作曲。因此，我的設計過程映照出內在的那個作曲家。音樂存在於真實的時間以及心理時間中，作曲者必須創造出語彙，讓聽者瞭解其語言，並且在這個樂曲的時間之內，不斷投入情感的表達，不論是獨奏、室內樂、交響樂或是歌劇，都是如此。

作曲家常常限制自己專注於少數的想法，這些音樂單元（cell）可以被賦予特色，成為主旋律，很容易聽出來。如果這些單元發展得好，聽者就能領受作曲家所創造的音樂世界。想一下貝多芬第五號交響曲中，那著名的四和弦主旋律。在整個音樂的變奏中，這個顯著的疊句不斷地重複、擴張、變化、潤飾。貝多芬簡單的四和弦經過偽裝變形，衍生出一整個音樂的宇宙，從頭到尾帶領聽者穿越一連串的不同感情。每個動作都是建構在這個主旋律上，以倍數相乘，達成一個貫串的整體，大於個體的總和。

同樣的理論也可以應用在住宅設計中。我自己做設計的時候，也會同樣地將自己限制在幾個想法或是單元中（包括二維與三維的），並有系統性地操控這些單元，以織品、地毯、家具、物件及其他種種組成的形式，加以實踐。單元是從發展出獨特的標記而來，並且衍伸為整個設計。我將自己限制在幾個想法之內，因為太多的想法可能會讓整個策略混亂，削弱了室內的純粹性。任何事物都可以啟發構成這些單元，可以是一個圖案、一種質感、特質、形狀或是顏色。

我最近一個位於亞利桑那州的案子，就是受到三個裝飾元素的啟發：石頭、格子與波紋。我探索了蟄伏在這些元素中，各種變化的可能，單單用這些素材創造出視覺的氛圍。單單石頭的探究，我就選了六種不同特色的石灰石：有洞的、像砂的、化石的等等。我把這些石頭以水平方向，裝置在內牆及外牆上。除此之外，煙囪的主體使用玻璃為外層，我又找到六種變化，與我在石頭上找到的特質類似。石灰石密實而平坦，玻璃明亮反光，與石頭之間創造出有如管弦樂中的對位法。我把玻璃的反面覆蓋鈀箔、金箔、月亮金箔、雲母粉、日本漆及其他珍貴的材料，以增添如石頭般的感覺，而不是直接模仿石頭。至於同色系的地毯圖案，我模擬了砂質石頭的渦形質地，讓地毯的設計與早餐室牆上的玻璃畫裝飾互相搭配。石頭的衍伸設計，在整個住宅中以微妙的重複，不停地出現。

當我和客戶在定義他們的住所之聲時，客戶同意與我一起踏上探索之旅，這一點非常了不起。很多部件都必須創作，會花時間在製作樣本、編制基調，或是打造基礎構造上，而且這些時間隨著案子的進展越見加增。一旦聲音建立之後，流程也獲得了動能，發展出獨特的韻律。對某一位客戶來說，這個基調是蜂鳥、回字紋，及齊本德爾式的中國風（Chinese Chippendale）扶手。我們把這個基調發揮在各種不同的媒材上，呈現出各種不同的組成樣態，有時已經辨識不出其來源。這個旅程

這間住宅位於亞歷桑納州，很像是一段古典音樂，有主題的各種變奏。從六種不同的石灰石衍生出煙囪主體上的玻璃畫及地毯設計，也啟發整間屋子內的各種主旋律變體。

動人心弦，對客戶來說意義重大：他們在上一個住宅中最喜愛的兩個特徵，如今成為新屋裝潢的基石。

正如人類的細胞會進行有絲分裂，破裂然後增生；室內的各種元素也是如此。這些微小的細胞單元（形態、質感、顏色等）產生新的實體，衍伸出設計中的每一個決定。要建立以單元為基礎、經濟的做法，必須從定義對你有意義的細節開始。可行性有無限多。最終，就如有力的音樂中每個和弦都在對的位置一般，建築與室內完美地結合，所有的元素一同合唱。這種做法的優點是，不被任何一種風格或時期所驅使，而是因其簡單性、普世性而自成一格。

位於明尼阿波利斯的這間住宅中的家庭房，在網格圖形上採用了比例的技巧。整體上隨處可見的乳白色，襯托了家具面料上及牆上的淡藍與灰綠色調。

Paris 巴黎

潘妮·德魯拜爾德

PENNY DRUE BAIRD

巴黎不只是個城市而已,還是一種無法被定義的想法。它可能是世上最多人造訪的地方,為了它的美、它的歷史、食物、奢華以及文化的完美。巴黎就像一道繁複的菜餚,有其祕密的成分,就是無形的生活之樂。

幾百年來,巴黎一直是世界的風尚之都。巴黎的設計一直以來影響了建築、室內、花園、時尚、香水、藝術、料理、文學、雕塑、家具以及布料。就算法國人並沒有真正發明什麼,他們卻能佔據主導地位,就如同他們在十七世紀時主導了威尼斯的鏡子產業一樣,因為他們收買了慕拉諾的匠師,請他們來巴黎教導他們這一行的訣竅。

任何一個學設計的學生都知道,巴黎有深厚的影響力。然而,這種影響力最驚人的一面,是它會隨著時代與地理而變化。

回顧過去的三百年,你會發現巴黎位於一個奇怪的震央。雖然有顯然可見的華美建築物與橋樑,但城市本身並不是個讓人愉快的地方。儘管光芒四射,卻散發出襲人的臭味。然而,這也無法阻止國王們在此居住,並於城牆之外建立別宮及圍獵行宮。皇室成員密切參與他們住所的設計過程,讓自己被當代最頂級的匠師及專業人士包圍,例如尚亨利·李森能(Jean-Henri Riesener)及喬治斯·賈柯博(Georges Jacob)等人。皇家設計便成為當時的風尚,所有的朝臣傾盡其所有,就為了複製這些時尚的金科玉律。而這些皇家客戶中最有影響力的,要數約瑟芬·博阿爾內(Joséphine Bonaparte)了。她和建築師查爾斯·佩里奇(Charles Percier)、皮埃爾·弗朗索瓦·萊昂納爾·方丹(Pierre François Léonard Fontaine)密切合作,打造的皇室風格,直至今日依然是富而質樸的最佳案例。

這樣的循環不斷地重複,直到十九世紀下半葉為止,當時社會及技術的變化以另一種方式影響了設計。君主制讓位給共和國,機械的進步改變了本地家具的類型,使其普及於社會大眾。

隨著廿世紀的黎明來到,社會條件也對設計產生了重大的影響。在第一次大戰期間,女人開始工作,到了一九二〇年代,巴黎人轉而追求設計與時尚所呈現的徹底底的現代,也就是香奈兒、保羅·波烈(Paul Poiret)、埃米爾雅克·魯爾曼(Émile-Jacques Ruhlmann)、尚米歇爾·法蘭克、科比意、皮埃爾·沙雷(Pierre Chareau)等人的世界。這個時代特別富於設計的創新,家具及物件有著徹底現代的線條,並使用最精緻的材料。

不幸的是,這個富饒的時期因第二次世界大戰的來臨而提早告終。等到一九六〇年代大戰的塵埃落定之後,時尚又回到傳統的巴黎鄉村大宅,直到一九七〇的嬉皮年代,這個時代對幾乎所有事物表示反叛,尤其是父母住的房子的樣貌。

然後是一九八〇年代,高格調的傳統又回歸,到處都可以看到路易時代的風格。在一些動盪之中我們來到了廿一世紀,此時訊息卻還是沒變:巴黎裝飾繼續影響設計,不論潮流去向哪邊。

當然也有其他富於設計的城市,其藝術影響塑造了我們今日生產的物件;但巴黎及其無以名狀,為世界灌注了思想、點子、感覺,在在從其歷史而來,不論我們是到過那兒、讀過它、或是夢到過。

要歸納巴黎的生活、想法、設計的哪個面向,在何時、哪個案例中影響了哪一位當代的設計師,是不可能的。對我自己而言,我知道我和巴黎的關係影響了我的設計、我的創作、我的價值,和我所做的每一件事。

這間房間位於紐約上東區戰前蓋的建築物內,建築師是羅薩里奧·坎德拉(Rosario Candela),尺度上相當可觀。這位客戶是當代藝術的藏家,當時正在尋找古典又略帶前衛的室內風格。為了達成這個目標,中央的房間的天花板上,覆蓋著茶色金箔壁紙。

在這間位於紐約的灰白色房間裡，一張一九二○年代的法式椅子，與客戶收藏的幾件重要藝術作品，互相爭奪注意力。左邊是一張達米恩·赫斯特（Damien Hirs）的大幅畫作，右邊是杉本博司（Hiroshi Sugimoto）的黑白攝影作品，掛在壁爐上方。

America 美國

傑佛瑞·比爾胡博

JEFFREY BILHUBER

美國設計指的不是早期聯邦的建築，也不是殖民地式樣的家具，而是一種以明晰樂觀為特徵的願景，反映出我們整體社會的直接了當、不拐彎抹角。自稱是美國設計師就意味著把我們擅長的事做到最好，也就是去擁抱、呈現跨文化的影響，將這些影響以樂觀、聰慧、明亮的方式，整合在一起。美國設計不是懷舊的，而是活在當下、廿一世紀的。我的客戶們想要跟上時代，他們不會憧憬著另一個時空。因此，美國奢華是在我們前方，而不是後頭。

美國設計立基於功能之上，以需求為本。先考慮房間要好用（形式從功能而來），之後才會觸及裝飾層面，考慮顏色、圖案、風格等等。房間之間的流動性，反映出我們在空間中移動的方式，如同航行於社會與世界中；比起文化，房間更注重的是舒適與好客。

法國的住宅是在不變的平面構成中，追求不斷的演進與提升；相形之下，美國的室內則從我們四周的各種影響中，自由揀選，並以嶄新的方式加以編排演出。日本的室內設計不是本於功能，而是以一種有秩序、令人欣賞的方式安排物件，最重要的目的是使眼目愉悅。英國的室內設計要旨在於歷史的浸潤，他們的歷史比我們長四倍，對此目標也有很大的幫助。想到英國設計師，就不能不提到他們大膽無畏地使用顏色的才能。而相對地，美國的室內，不論是夏克式樣房屋或是蘇活區的藝廊，常常都用白色為背景，或是不是顏色上的白而是意義上的白。因為我們尋求清晰與單純。

美國是個還很年輕的國家，回顧華盛頓和傑佛遜創造的室內裝潢，很顯然他們汲取

在這間位於曼哈頓的起居室裡，湯馬斯·舒特（Thomas Schütte）的蝕刻版畫裱框排成格柵，佔據了一面牆。青綠色陶瓷檯燈頂著翠綠色的笠形燈罩，兩旁是布列吉瓦德（Bridgewater）的俱樂部椅及一張沙發，沙發上放著虎紋天鵝絨坐墊，呈現對照。

下頁：在這間書房裡，一張扶手椅以鮮活的黃綠色虎紋天鵝絨包覆，與填充的奧圖曼式矮凳互相搭配。深色的牆壁有種氛圍，與羅馬簾使用的空靈布料呈現對照。

了世界旅行模糊的第一印象所能提供的所有資源。蒙蒂塞洛（傑佛遜的住宅）完全不是殖民地式樣，而是收納了從法國、英國、愛爾蘭來的家具，再加上相當數量的美國原住民工藝品，以及羅馬時期的古董。法國的紅酒放在愛爾蘭的桌子上，書房裡有英國的經典名作。這些政治家們去到某個地方，帶回一些東西，把房間編排成只有美國會有的樣子，除了此地之外不會在其他地方存在。

受人尊敬的高級訂製服設計師紀梵希，他的公寓及工作室都是我設計的，我曾經問過他，法國和美國的設計有何不同。他說：「法國的設計關乎精美，而美國則是運動感。這是別的地方都找不到的。」

未來，美國的設計會繼續立在當下，維持一種負責的現代性，秉持過去一貫的作風前進。我們用心地工作，定義自己為前瞻思考的文化。我有一位地位非常崇高的客戶，在巴黎、羅馬、紐約市，及其他重要的地方都有房子；他告訴我，他總是會回到紐約，因為這是「廿世紀給我們的城市」。紐約不是一個意圖顯得美麗或是細緻的城市，它冒火又噴煙，住宅像盒子一樣；但其中也充滿了無邊的能量與樂觀，向前邁進。紐約是美國的縮影，人們到此是為了掙脫束縛、分享它的能量，重新塑造自己。

有位訪問者曾問過攝影師曼·雷（Man Ray），為何他能保持超前潮流。曼·雷回答：「不，我沒有超前，我和我的時代同步！」他只是回應他身處的時代。美國人對這一點很在行。我們必須創造我們想要的而不是去借來。在這個國家，這個時代，我們除了置身現代之外別無選擇，而這一點將會越來越重要。身為一個美國設計師，你不需要將自己與殖民地觀點劃上等號。我們一直都有這樣的權利，以無盡的熱情、嶄新而驚喜的方式，從四周擷取並加以組合。廿一世紀，我們將美國設計呈現給世界。

Automobiles 汽車

喬伊·納漢

JOE NAHEM

「我們在此宣告，世上的奇蹟又多了一種，嶄新而美好，那就是速度之美……全速奔馳的車……比希臘的勝利女神更美。」

——一九一九年，未來主義宣言（the manifesto of futurism）

對沉浸於形態之美與頂尖製品的室內設計師而言，汽車的設計予人視覺上的靈感，以及卓越的實用資源。我對汽車的愛好滲進室內設計中，那是一種間接卻又動人的聯繫。

我在布魯克林區長大，當我還是青少年時，我的夢想就是買一輛新車。我的臥室牆上貼著一排勞斯萊斯的照片。我每天放學後還有暑假都在打工，以存錢買車。我的第一輛新車是海軍藍的雙門賓士coupe，年份是一九七八或是七九，褐色皮革內裝。我買它的時候甚至都還沒有買房子。

一九六○、七○年代的汽車設計讓我深受啟發，尤其是凱迪拉克、奧斯摩比，還有雪佛蘭。五○年代那些奢華的形狀、樣式、顏色（水藍、粉紅），也深深吸引我。汽車的塗裝讓我折服，它的漆色是如此光滑、閃亮、服貼。我和之前的夥伴湯姆·福克斯（Tom Fox）合作的早期設計案之中，有次我們去賓士向他們買漆，塗在一片面板上以製造金屬銀光的外觀。在那個階段，我們沒有想到耐久性（這是汽車烤漆的另一個優點），只是想達到它那優越的塗裝品質。

在電腦出現之前很久，汽車設計師很習於用粘土塑造那種充滿幻想的曲線、角度、多面形；外形的決定有很大一部份是雕塑的任務。如今，設計家具時，我們可以用3D列印技術。我們創建了一個桌子的模型，以金屬平板固定在地板下，這樣一來，曲線的底座就可以非常纖細、極為簡約。為極薄的底座創造穩定度的過程，就很類似設計車身，兩者都需要塑造一種結構，發揮功能的同時也滿足對美感的渴求。這樣的設計可以是很戲劇化的，但也是極度實用的。汽車的形狀與塗裝必須能耐用多年，經受雪、雨、交通的折磨；同樣的，受到工業啟發的家具設計，也能耐得住老化及磨損。

還有另一個設計案，我們用了銅及樹脂融合，完成了一組表面被腐蝕得很有趣的門，讓人想起金屬的車門，以及車門老舊之後的凹痕。出來的效果很粗糙但又優雅，這樣的組合也常常在汽車上看到。我們也設計過處處穿孔的面板，並用汽車漆塗裝，讓人想起艾琳·格雷（Eileen Gray）設計的屏風。我有一次借用了我們家早期的奧斯摩比Cutlass Supreme車款的萊姆綠色，用來塗裝一座吧檯。還有另一個室內設計，我們用有凹痕的胡桃木面板，呼應五○年代一些汽車的凹痕面板，在一個原本如同石膏板空殼一樣的空間中，創造建築的趣味。

從工業設計中借用對於耐久、粗糙材料的欣賞，能深深地影響房間與家具的設計方式。以建築師、設計師、匠師的創造力，用在不見得是你本業的領域中，讓你能借鑒其他的天賦、開創力及感染力。我們身處這個資訊時代，引導我們朝向去物質化的生活經驗，因此，工業設計會日益回應我們對真實、實在的東西的渴望。不論是經典款的Avanti或是電動車長而低的光滑線條，都是如此。

這間住宅位於南安普頓，這座時尚的吧台由不鏽鋼打造，高光澤的綠色亮面漆水平帶為其重點，是模仿剛上蠟的汽車外觀。色彩明亮的杯具讓人想起古董車的色調。

這間具有現代感的房間位於TriBeCa
公寓裡，美國傳奇設計師喬伊·德烏索
（Joe D'Urso）設計的老件咖啡桌，
讓整個空間安定下來。其簡樸的形狀
有種機械感。福克斯與納罕設計的客
製化柱子包材，是熱塑形可麗耐施以
不定形挖空處理而成。

Fashion 時尚

羅伯特‧庫圖希爾
ROBERT COUTURIER

有個廣為流傳的口慧，宣稱昨日的時尚將於明日再度流行；時尚以永無止境的循環前進。想到時尚在裝潢中的命運，例如十八世紀的家具，以及短短幾年流行過的畢德麥雅風格，之後歷經迅速地重新崛起又衰落，我實在不認為這上述那句話是真的。

事實是，十八世紀時，一對富有的年輕人要建立家庭時，他們不會使用祖父母留下來的家具。他們會建立一個富有當代感的家（以當時來說是當代的），明亮而清晰，有大面的窗戶，充滿了舒適的軟包家具。當他們的祖父母去世時，祖父母的家具會被打入鄉下別墅的閣樓，或是送給貧窮的鄉下親戚，用在他們不那麼優雅的住所裡。

時尚決定、主宰了何物為時尚、何物已經退流行、何物該打入冷宮。到了十九世紀末期，大多數資產階級宣稱，必須要有一個亨利二世風格的餐室、路易十四風格的門廳、一間散置著十六世紀元素的書房，以及路易十六風格的臥室，才稱得上時尚。當代的風格依然蓬勃興盛，但真正富裕的象徵是使用古董。那是當時的新時尚，讓新興的富裕人士也能得到一點傳統格調。

強盜貴族們建立了以文藝復興為靈感的別墅，在屋裡裝滿與時代同步的家具，並用繁複的掛毯覆蓋牆壁。威廉‧倫道夫‧赫斯特（William Randolph Hearst）搜刮擄掠歐洲，將房屋整個拆掉，把其中的裝飾元素如鑲板、格柵天花板、壁爐架等，運送到他新建的城堡中安裝。

同樣的元素，以及與這些元素並存的優雅家具，如今的價格只及當時的幾分之一，與十六世紀下令製造這些家具的那位紳士當年所付出的款項相比，真的微不足道。現在，以及不久的將來，真的不太可能有人會拿十六世紀的裝飾元素來裝潢自己的住宅。這些時尚已經過期了，也不太可能復活。這樣的家具，除了放在博物館以外，註定只能在某個被遺忘的儲藏室裡積灰，最終消失無蹤。

有些人會說以服裝來說，時尚確實會回頭。但誰最近有看過，有人穿著裙撐走在大街上嗎？裝潢也是如此。時尚會演進，不會重複。

物件與購買它的人之間，必須在時間上有關聯。我還小的時候，巴黎有位女士曾說過，她的祖父曾經坐在路易十五世的膝上，所以我的父母親會買十八世紀的家具是很正常的。我們和它們之間有身體上與情感上的關係，有種熟悉感。然而，我們的祖父母對於十六、十七世紀的家具（對他們來說那個時代，就如同十八世紀對我們來說一樣遙遠）所抱持的舒適感，對我們來說已經不存在了。我們沒辦法與那些箱籠、長凳、高背椅和凳子，或是巨大的餐具櫃，產生連結了。漸漸地，這些物件會被遺忘、擺在一邊、被丟棄。如今這些東西也沒有市場，除非是具有特殊前手、有歷史的那些特別的物件，會以過去的見證，而不是以裝飾元素而存在。

至於我買下、珍藏、渴望、珍愛至今的那些十八世紀的家具，似乎也會和十六世紀的大型妝奩（一種大型的裝飾櫃，如今很罕見，因而必須在此說明）走上相同的路。對我來說無所謂，因為我也不打算把它們賣掉；但那種廣為流傳的想法，認為買古董當投資是很穩當

凡爾賽宮式拼花木地板，讓這間位於紐約第五大道上的公寓，立即有一種歷史感；而天花板上埃爾韋‧凡‧德司特拉頓（Hervé Van der Straeten）設計的當代吊燈，材質為銅及水晶，照亮了更為現代的時空。克勞黛‧拉藍設計的鱷魚壁架放置在一面鏡子之下，兩旁是訂製的繡花窗簾。

的，是大錯特錯。相反地，買古董應該是為了它們的外觀或是歷史連結，能帶給我們愉悅才是。

總歸一句，時尚會隨著世界而改變。不止我們人類本身改變了（變得更高大），我們的生活也有極大的變化。美學變得全球化，風格會迅速地在整個世界裡傳開，只要一個點擊就能辦到。今時今日，已經很難說什麼東西是美國獨有的、或是法國的。但是當我們選擇與各種時尚分享我們的生活時，就意味著天際更寬闊了。

這間位於英國鄉村的住宅中，印葛·茂爾（Ingo Maurer）設計的彎捲金色緞帶型燈具，沿著天花板盤繞。俏皮的輪廓與莊嚴的建築成對照。火爐邊的大理石柱及石膏雕飾，是這間屋子原本就有的。

Food 食物

卡爾‧德阿奎諾與法蘭欣‧莫納可

CARL D'AQUINO *and* FRANCINE MONACO

每年我們都會在曼哈頓的貝里克街，採買除夕夜的晚餐材料。我們沒有計劃也沒有預設的菜單，只是在各家義大利食材專門店中找新鮮貨，依此來決定晚餐菜色。這樣一來，做菜就很像做設計。將材料加以編排、選擇、組合，最終呈現出來，這就是創作的過程。

我們一開始決定合作的時候，看似很簡單：結構的外部及內部，本來就應該流暢地對話，不是嗎？我們彼此的秉持的專業和興趣有相疊之處。卡爾受過建築師的訓練，但在裝潢上找到他的熱情。法蘭欣是建築師兼教育者，她對義大利現代主義的細節與物質性的興趣，引領她走上室內設計教學。我們的對話比起把建築與裝潢一分為二，要來得更為豐富。我們的專業領域互相交織，兩人都服膺理性與直覺。

我們都有義大利裔的背景，這樣的傳承塑造了我們之間的連結，也很難被打破，其中一個連結就是食物。沒錯，那些具有文化象徵意義的聖約瑟節的糕點、復活節麵包，還有怎麼吃都吃不膩的松子餅乾。我們在辦公室合作的方式，也很類似一起做菜的時候：從我們習得或承繼的傳統開始，並讓直覺與原創發揮影響力、提升其過程。

卡爾經常閱讀有關食物的題材，埋首食譜，好似把它們當作聖經一樣；但當他被要求做晚餐的時候，總會依賴幾個味道熟悉的食譜。而法蘭欣則是從運用祖母那兒學到的技巧開始做菜，這些技巧已經成變成她的第二天性；或者她也會用她母親在一本黑色小本子上寫的食譜。

以傳統的瞭解與欣賞為底，能對所有的投入傳達時間無盡之感。不論是按照食譜做菜或是裝潢一個房間，都必須先徹底瞭解規則，才能加以變化。拿窗簾來舉例：把威尼斯的手吹玻璃鏈勾在一起，可以變成如「布料」一般，創造出輕搖擺動的飄渺表面，被光線輕拂過。

我們的工作可能會始於一個底層的想法，但這想法從來就不是牢固不動的。就像在做菜一樣，設計師工作時會讓想法演進。絕對有某個元素或機會，讓兩者可以兼得。對大廚來說，從農夫市集發現某種特別美味的季節性食材，帶來的靈感可能會啟發一整套菜色。設計師也如大廚一般，必須沉浸在材料之美中，不論是找到的或是原創的，是「生的」還是「熟的」（以食譜中的食材做類比）。想像一下，把手工雕鑿的核桃木柱，覆以纖細的鏽化鋼，當成書房中的元素。

廚師會在市場上找當季所能供應最新鮮的材料，然後決定菜單上的菜色。設計一個房間也是如此。樣品、模型與設計圖就等於是「試吃」，用來探索新穎的食材，讓客戶預覽空間會是什麼模樣。設計師會花很多時間在搜尋、檢視各種新與舊之物，利用不預期的特殊發現加以發揮，擺放能讓空間變得獨一無二的物件。完美的照明燈具、地毯的紋理、物件的比例與尺度、空間的尺度等，加上這些才構成完整的食譜。

設計就像做菜，會隨著經驗與年歲而演進、改善。當你很熟悉準備的過程了，就能開始自由發揮。唯有當設計師開始自由發揮時，其作品才會變得特別。

迷人的凸窗區揭示了這間房子的歷史。咖啡桌及地毯的裝飾設計與顏色，是重要的關鍵成分，在整個公共與私密空間中重複出現。

Poetry 詩

「我們將在十四行詩中，建起美麗的房間」

——約翰‧多恩（john donne）

我喜歡把房間想像成一首詩。

這個房間由銀色及銀白色組成的嗎？若是這樣，會讓我想起沃爾特‧德‧拉‧馬雷（Walter de la Mare）的詩《銀色》（Silver）中的句子：「緩慢地、靜寂地，月亮在銀光中行過夜空。」若是新古典、哀愁的，像是馬修‧阿諾德（Matthew Arnold）的「多佛海灘」（Dover Beach），我會想像長長的窗簾維持著不變的形狀，宛如石柱上的凹刻；又或是在燭光照耀下的亞當‧維斯維勒（Adam Weisweiler）製作的五斗櫃。房間很奇怪有趣嗎？就像奧格登‧納什（Ogden Nash）的詩一樣？還是它有拱頂又孤傲，像艾蜜莉‧迪金森的詩？

接下來是「構成」的概念。

房間是「配好的」嗎？這個詞是有些人用來調侃那些明顯地非常協調的房間，像是韻腳很刻意的詩。但我很喜歡這樣的房間，尤其是客房以及鄉村風格的房間。

說到韻律，房間的韻律是清晰而明快的？或是隨意而像日常對話的？例如惠特曼（Walt Whitman）的《自我之歌》（Song of Myself），就像一個大而寬鬆的房間，擺設非常民主，沒有居主導地位的座位區，還有很多空間供人懶散沉思。

從另一個極端來說，房間有沒有可能像十四行詩，組織嚴謹且正式，並陳述其主張？這會讓我想到羅伯特‧弗羅斯特（Robert Frost）的詩作《設計》（Design），這樣的詩題絕非偶然。在前八行詩中，弗羅斯特描述了一個全白的設計：一隻白色蜘蛛、一朵白花及一隻白色的蛾。在後六行詩中作者問道，這是邪惡的設計嗎？還是仁慈的？房間也能提出問題嗎？我會說可以，也必須如此。

約翰‧多恩的《成聖》（The Canonization）是一首結構分層的詩，讓我們看見從眼淚過渡到讚美詩，然後變成半敵墳地。房間也可以是有層次的，這樣的層次是視覺的（好美的桌子啊）、是實用的（那張桌子在這兒是做什麼用的？）、是學術的（這張桌子有何歷史？），也是感性的（那原本是我祖母的桌子……）。房間的趣味就在層與層之間的互動中產生。《成聖》一詩具象了原本看似矛盾對立的，分解之後成為比一開頭所描述的更為巨大。眼淚與飛蛾變成「鄉村、城鎮、宮廷」，成為一個虛擬的王國。房間的層次也是如此，它們看似會干擾，但一旦使它們達成統整，就會賦予房間力量。

至於像隱喻一樣的房間，我要引用麥克米倫公司的創辦人：埃莉諾‧斯托克斯多‧麥克米倫‧布朗（Eleanor Stockstrom McMillen Brown）設計的南安普頓四泉莊園（Four Fountains in Southampton）裡，那間由劇場改造成的巨大起居室。這間房間裡最醒目的是巨幅的掛毯，主題是杜飛（Dufy）描繪的馬戲團馬匹；掛毯是印花布料，價值不高。與這個馬戲團的隱喻有關的詩，讓我想起威廉‧巴特勒‧葉慈（William Butler Yeats）的《馬戲團動物大逃亡》（The Circus Animals' Desertion）。

簡而言之，這個主題聚集了它的嘍囉們：一幅小丑彈奏手風琴的畫孤單地掛在牆上、壁爐架上安了一尊雌雄同體的石膏塑像，它雙手舉起好似正要開始例行工作；房間的安排與活動圈（書房、用餐、座位區）；以及房間本身的建築目的，都是為了「表演」這件事。中央

這個房間以《仲夏夜之夢》（A Midsummer Night's Dream）為主題。這張床就是仙后提泰妮婭（Titania）與仙王奧布朗（Oberon）、大公忒修斯（Theseus）和未婚妻希波呂忒（Hippolyta）、拉山德（Lysander）與赫米婭（Hermia）的床，更不用提小精靈帕克（Puck）了。因為在夢中，我們都會置身他方，一個幸福的天棚就是我們冀望的，也是我們都應得的。

的桌子、威尼斯式吊燈、中央的地毯，彼此保持一定的距離，但在在保持了這間房內演出者的舞台。

布朗女士知道我引用的這首葉慈的詩嗎？

不論如何，只要是認識布朗女士的人都知道，除了「馬戲團」以外，其他的選項她一概不接受。「馬戲團」保有優雅、精緻、表演、節目、距離、諷刺等意義，與葉慈詩中最後的句子「汙穢的心之回收品店鋪」相反。事實上，參加過布朗女士在四泉莊園內舉辦的午餐會或小型晚宴的人都知道，再沒有比這間起居室更堂皇、更精細、對觀者更苛求的空間了。它要求被人記住。

所以，關於房間，詩告訴了我們什麼？

房間，就像詩，提供了觀看的方式。它提供我們窗戶。

房間，就像詩，是一種摒除世界的之道，一種不為人知之道。

房間，就像詩，有它的主宰。它的節奏、押韻、隱喻系統、語調；這些元素是來訪者無法與之爭辯的。

房間，就像詩，必須花時間去理解：將詩從頭讀到尾的時間、環顧房間四周的時間。重讀一次的時間、再環顧一次的時間。有時會在很多年之後，再度造訪。

房間，就像詩，其主張與進入之人的期望相對。它迫使觀者反思：「若這是你，那我是何人？」

房間與詩提出同樣的問題。在浩瀚的宇宙包圍下，個人的感受重要嗎？我們所建構的重要嗎？

這就是房間偉大之處，它與死亡對抗的主張。

這間起居室展現了對古典文明的愛，無懼於這樣的地景所提出的疑問，也不怕我們所面臨的非難與疑慮。在一張小桌的渦卷頂上，設計師引用了威斯坦·休·奧登（W. H. Auden）的詩：《對石灰石的讚美》。

Japonisme 日本主義

艾麗·庫勒曼

ELLIE CULLMAN

我對遠東地區的愛戀已經有很長的時間，源自我新婚時在東京度過的那兩年。那些年是我個人美學視野發展的關鍵時期，對於我未來從事的室內設計工作有很大的影響。一個全新、陌生、奇異的世界在我眼前開啟，我陶醉在它帶來的啟迪中。

當然，打從一八五四年培理艦長的黑船航行到橫濱港口時，世界就已經開始接觸到日本美學。日本主義對於西方的思想及文化也有深遠的影響，範圍從陶瓷、花園、時尚到食物，尤以建築與設計為甚。

而最重要的舞台，也許是在繪畫這方面。浮世繪的版畫描繪出「浮世」中的高級妓女，以日本進口貨物包裝紙的形式被引進西方。這種視角斷裂及扁平化、偶爾缺乏背景的彩色圖畫，對於印象派畫家來說，也許是其最重要、獨一無二的影響。在現代時期，日本水墨畫及書法中具有姿態的筆觸，也對抽象表現主義有重大的影響。

日本對於西方建築的影響也是眾所周知的。早期造訪過日本的人，例如萊特就深受日本建築的直線構成、無裝飾的風格影響。這一點也接著影響了包浩斯，他們拒絕過度裝飾，奉密斯·凡德羅的哲學「少即是多」為圭臬。同樣地，在室內設計領域，日本傳統茶室那種簡樸的室內空間，對於戰後的極簡主義也有極大的影響。

我不是極簡主義者，但是日本設計的三大基石：「飾」（飾り）、「侘·寂」（わび·さび）、「澀」（渋い），在我的設計當中隨處可見。我最終極的目標就是在這三者之間取得平衡。

「飾」是種裝飾的哲學，以點綴及表達吸

這間位於漢普頓的餐室體現了日本「渋い」概念微妙的美。配色是單一的，但充滿細節。絲羊毛混紡的地毯細微的明暗變化，洗白木天花板的淺色調，形成低調的環境·包圍著當代日本藝術家草間彌生〔Yayoi Kusama〕的畫作。

引人注意到每一個表面。在我們公司的設計中，透過強調及表達細節（尤其是透過塗料及刺繡），體現這種概念。我們可以用塗料讓床架反光，成為臥室的視覺焦點、把牆壁貼上金箔，以增加一層亮光，或是以石膏覆蓋天花板並加上粗糙的觸感，以增加質感與深度。我們在窗簾邊緣加上刺繡，是為了強調窗戶的比例，並為布料的質感增添微妙的陰影。

「飾」的概念幫助我瞭解點綴的時機，「侘‧寂」則要求我們從日常物件中的不完美及次要細節中，看見完美與美；在不顯眼、被忽略之處，在那些生鏽、樸素、簡單之處，找到美。因此，古董家具上不掩飾的磨損痕跡讓我歡喜，這樣的痕跡訴說物件的歷史，以及我們的生命故事。例如，比起剛重新貼過木皮的妝奩櫃，我更喜歡漆面磨損的。這也就是為什麼除非家具真的已經快要解體，否則我不會把它重整，即使重整，也會以最大程度的細心為之。

最後，「澀」這個字指的是一種內斂、謙和又精緻的美。這不是極簡主義的宣言。我把這當成我公司所有設計作品的目標，不論房間裡是充滿了古董與藝術品，或是只有幾件強而有力、雕塑般的物件。就連單一色調的房間，也會有質感與色調的細微之處。充滿了源自不同時期與地區古董的房間，也會是克制的，暗藏著邏輯。每個房間都會訴說有關居住者的故事，只有隨時間才會緩緩地揭露。

多年來，我不止一次回到日本。幾年前，在一次京都採購之旅中，我和我丈夫收到十分稀罕（但令人萬分歡喜）的邀請，前往一位漆器匠師的家中用晚餐。我們坐在簡單的榻榻米墊上，匠師可愛的妻子為我們端上繁複的十道菜色，食物很異國，每道菜都盛裝在這位匠師製作的漆器中。我們不僅有機會看到漆器的用法，當我們逐漸吃完時，也細細地體驗到硃紅與黑色的漆器排列在墊上的樣子。我坐在簡單的墊子上，沉浸在溫清酒及美味

佳餚的餘香中，在房內朦朧的光線中，我開始意識到這些顏色濃烈、多半飾金的器物，其隨意的排列。這一刻對我來說是非常深刻的美學體驗，因為我終於瞭解日本對於傳統與工藝的熱愛，提升了日常生活的每一個面向。這種獨特的日本感性，多年來豐富了我的生活——我相信世上還有許多人也和我一樣。

上：我們採用了侘寂的概念，沒有修復這張十九世紀法國的農莊桌，而是彰顯物件的不完美。

左：這架一九四〇年的六扇硃紅漆屏上，是巴黎的大師伯納德‧丹寧（Bernard Dunand）所繪製的鶴，鶴在日本是幸運與長壽的象徵。

Literature 文學

戀琳・傅特爾

MAUREEN FOOTER

我從小就什麼都讀。書本讓我置身於奇妙而陌生的地方。我心目中第一次畫出的室內設計是白蒙（Bemelmans）的巴黎寄宿學校：十二張小床排成兩行。幾年之後，我想像的是那輛把蘿拉・英格斯（Laura Ingalls）送到達科他領地的康尼斯多加的馬車。十歲時，我聽見小偵探哈麗葉（Harriet the Spy）的腳步聲，在她住的街屋裡的木拼花地板上響起。大學時，我坐在托爾斯泰的起坐間裡憔悴，四周散置著喝到一半的巧克力、被遺忘的絲質披肩；我穿過戴洛維夫人（Mrs. Dalloway）的起居室，屋裡黃色的窗簾在窗戶上飄動；欣賞亨利・詹姆斯（Henry James）在《大使》（The Ambassadors）一書中描繪的巴黎俗世街屋，裡頭儉省泛白的鍍金。於是無可避免地，我把宿舍加以想像，甚至更誘人地，想像未來長大後的公寓，會是像那些書中奇妙的室內一樣。閱讀訓練我將空間視覺化，這是一個設計師最基本的課題。

除此之外，小說和自傳還提供了其他的東西，讓人躍入自身經驗以外的絃外之音、人的渴望、性格的微妙、生活的變幻無常等。閱讀能增添看事情的角度，繪出怎麼生活最好的多重願景。而我們生活最有意義之處，不就是在我們自己的家中嗎？喬治・艾略特就是這個議題的大師。

艾略特的《米德鎮的春天》（Middlemarch）儘管頁數超過七百，佈局寬廣，卻也是一本私人室內生活的研究。作者一方面描寫年輕人尋求歸屬與熱情所在的過程，同時也娓娓道來有關房屋的真相。作者讓灑脫不羈的威爾・拉迪斯拉夫注意到私人的幸福有力量轉變更大的世界，間接地將家的地位從基本需求，提升至社會力量。家是個天堂，讓我們能以最好的自己存在、發揮最大的力量。更進一步說，家光是有骨架還不夠。以艾略特的邏輯來說，

家必須在美學上讓人滿足，因為美是一種靈魂的需求，這種需求是如此強烈，以至於連高尚的女主角都無法抗拒。當自律甚嚴的多蘿西亞被閃閃發亮的祖母綠迷住時，終於瞭解到世俗的美能滋養靈魂。米德鎮有設備齊全的中產階級房屋、富麗堂皇的莊園、繼承的珠寶、昂貴的馬匹，強調平衡、適度與比例。在艾略特的宇宙中，就如同設計師希絲特・派瑞許與邦尼・梅隆（Bunny Mellon）的世界，卓越是從內斂而來。在這一點上，艾略特提出一個有用的告誡：正如她那位學究的丈夫卡蘇朋以僵硬的教條壓制生命力，一間過度講究的房間也是令人窒息、不人性的。卡蘇朋收藏想法以及物件（如今的編輯會稱之為層次），是好奇心及富裕生活的中性副產品。雖然我們都知道，但有時也會忘記：抄襲時尚，就算是最迷人的時尚也一樣，與風格絕對無法混為一談。品味就像個性一樣，是個人的標記，必須努力去贏得。拉迪斯拉夫在進行歐洲之旅時，也拒絕完全抄襲羅馬的大師傑作，這顯示出他的個性與獨立（所以小說的結局是他贏得了佳人芳心，也不意外）。《米德鎮的春天》接納不完美（畢竟，連優雅的牧師都有個愛賭牌的弱點），也鼓勵夢想、志願。這一點讓這部作品成為動人心弦的浪漫小說。艾略特不著痕跡地鼓勵鎮靜沉著、人際互動、目標明確，以此為人生滿足的關鍵，這是與巴洛克式的富餘對抗的傳統態度。《米德鎮》一書以卓越的觀點提醒我們，什麼是房子的精要——就是成為個人的避難所。

當女主角多蘿西亞站在情感的十字路口時，她凝視窗外珍珠般的光線中，清晨在田野上的活動，並從中得到了安慰，她意識到自己的存在是整個大千世界的一部份。自然的美好、豐富的體驗、人類努力為之的寬廣，才是最重要的。我們的室內，充其量只不過是為此設立的舞台。

掛著閃閃發亮鏡子的帳篷，其大膽的美，與蒙古羔羊毛地毯、十八世紀的古董與裝飾藝術擺設，Baguès出品的燈具、官能性的家具面料，讓這個空間如同喬治・艾略特（George Eliot）所說的，房間是靈魂與感官的避難所。

Travel 旅行

馬修・派崔克・史密斯

MATTHEW PATRICK SMYTH

我一直很喜歡旅行，但是我開始瞭解旅行對室內設計師的重要性，是在我為大衛・伊斯頓工作的時候。伊斯頓對於建築史及室內裝潢藝術的知識堪比百科全書，是出了名的。這也是我一開始會想為他工作的主要原因之一。他有一座相當可觀的圖書館，但他熱烈地信奉親身見證，是一個狂熱而冒險的旅行者。

當我還是年輕的設計師，開始探索世界的時候，我的眼睛就以意想不到的方式開始進化。我第一次前往法國、英國、愛爾蘭的旅行，深具啟發性。從哥德式樣到中世紀，從文藝復興到宗教改革，再到啟蒙時代；透過直接站在建築立面之前，我對於人類創造美的能力，有了更複雜且豐富的認識（就像很多年輕人那樣，我原本以為自己從書本及照片中，已經瞭解得很透徹了）。那時我才領悟，就這一點而言，壯遊（或是任何一種旅遊）對每一位設計工作者來說都屬必要，而非奢侈（雖然也很奢侈沒錯）。

正規的設計教育讓我們在學術上熟悉風格的連續性以及建築、室內、裝潢的要素；這些是做設計時每天都要用到的工具，包括了尺度、比例、形式、平面規劃、裝飾元素、材質及顏色。若想要以任何方式真正去掌握如何將這些要素轉換為房間及住宅，並使其發揮加成的效果，我認為唯有貼近、親自去看在那些世界各地傳奇的或無名的前輩們，是如何以最棒的方式達成這一目標。對我來說，這意味著去造訪歷史景點、城市、景觀、房屋、房間，親眼見證那不凡、持續的設計傳統。我從研究及經驗中學到、看到的越多，也就能提供我的客戶更多。一座城市、一棟建築奇觀、一件了不起的藝術品、一個特別的鄉村景觀，若

在這間位於曼哈頓公園大道上的公寓中，濃棕色絲絨俱樂部椅、斑馬紋地毯、藍色及珊瑚色的抱枕，與寧靜的大自然色調背景相抗衡。沙發背後的牆上一對鬼影般的版畫，是林天苗（Lin Tianmiao）的作品。

是沒有親歷其境、用指尖去感受，又如何知道、真正知道它是什麼樣子？

身為設計師，學習永不停止。這個職業讓我不斷地大旅行，終於來到了雅典。第一天，當我站在我住的旅館，眺望衛城時，月光絕美地點亮了帕特嫩神殿那經典的完美外形——我自問，為何我拖了這麼久才來這裡？凝視這個讓人心跳停止的景色，一邊期望著接下來幾天的探索之旅，我感覺好怪異：看過世上這麼多地方，我卻還未經驗過西方設計與文化的起源。我愛巴黎，在那兒是不可能無聊的。紐約是我的家鄉，我的整個人生都在經歷它對設計與文化的影響力。但雅典呢？這個城市帶給我們民主、古典秩序與完美外形，那是我輩設計師不斷加以闡釋直至今日的。它是戲劇、歌劇、政治、福利的藍圖，見證了人類千年以來在四圍各處的活動。這個城市是東方與西方的十字路口，拜占庭及十八世紀與史前及二十一世紀比肩共存。沒有什麼地方可以比得上這裡。無論今日的雅典是否引逗你的好奇，都應該把它加入你的行程規劃中。

我設計房間及房屋時，有時很清楚知道某個特定的細節，其火花是從何而來。但大多數時候我並不知道，只是感覺對了。這就是設計的精髓。不過我知道，我的選擇是來自我所見過的東西、親身經歷過的地方，所構成的集合記憶。不論是在家中或是在國外，旅行都是我最終極的靈感來源。

左：這張床頭桌上，從旅行所獲得的玩意兒包括：一個巴黎的鐘、幾個玳瑁盒子，還有一隻印度的牙雕大象。

右：這間公寓位於紐約，在釘扣絨布沙發後方的牆上，掛著一幅皮埃爾‧瑪麗‧布里松（Pierre Marie Brisson）的作品，衍生為整個房間的配色。

Couture 高級訂製服

夏洛特‧摩斯
CHARLOTTE MOSS

「我們住在衣服裡，就和住在房間裡一樣；期望從中得到安全感、愉悅，希望它的設計不會一夜之間退流行。」

——俞貝爾‧德‧紀梵希（HUBERT DE GIVENCHY）

牆上的圖案是由詹姆士‧亞倫‧史密斯（James Alan Smith）手繪，其靈感來自窗簾的布料。房間的設計是為了成為背景，襯托以藝廊風格陳列的時尚照片，這些照片出自攝影大師不列松、塞西爾‧畢頓、莉莉安‧巴斯曼（Lillian Bassman）等人，拍攝的對象是貝比‧佩利（Babe Paley）、克萊爾‧麥卡德爾（Claire McCardell）、可可‧香奈爾（Coco Chanel）、艾爾希‧德沃夫等知名女性。

已故的史丹利‧馬可斯（Stanley Marcus）是了不起的百貨公司創新者，他曾出版《只求精品》（Quest for the Best）一書，書末他列出了「精品」名單，其中包括柏翠酒莊（Chateau Petrus）五三年份、格拉諾斯（Galanos）的洋裝、紐約客雜誌、倫敦計程車、毛氈筆、梅寶尼克拉里奇酒店的亞麻床單。這些物品的共通點就是品質、舒適、創新，以及便利；每樣東西都訴說著需求與奢華，有些是此二者為一。這些東西還有個共同點，就是我們對於精品的渴望，我們渴望與眾不同，渴望生活有著同高級訂製服一般的品質。

建築與室內設計，同樣也要被視為這種生活風格方程式的一部份。我們的家是生活的背景，必須悅目、舒適、豪華、宜人。在這樣的脈絡之下，室內設計師的工作就是透過品質與細節，呈現如同高級訂製服般的環境。高級訂製服需要經過多次試穿、精密的測量；而設計師若是沒有一整套資訊，也無法開始採購、蒐尋、挑選、設計的流程。

我們的品味會自然且不可避免地發生變化，在生活中引領我們。我們追求美與更有尊嚴地過日子的方式，過程中每個人都會轉而使用個人的方法，以創造一個精挑細選、最適合自己的、量身打造的生活風格。

我們的家就是我們的天堂，所以何不以裁縫師的眼光來處理家的每一個面向呢？當室內設計師參與其中時，往往是與客戶密切並親密無間的合作，會帶來最真切的結果。

寇法克斯與佛勒事務所的南西‧蘭開斯特與約翰‧佛勒（John Fowler）是知名的設計搭檔，他們為客戶與設計師的關係，立下了新的標準。他們鼓勵在設計案起頭時雙方的對話，兩人都認為最好的室內設計是交流的結果，這種交流包含了他們所謂的「生活瑣細」。唯有當業主任憑這一對搭檔對他們仔細查問，方能實現最美麗、優雅、真誠、豪華的室內設計。去瞭解某人在何處看早報、在何處吃早餐、娛樂的頻率、有多少晚宴服、喜歡在哪裡坐下來寫信或閱讀，這些都是必要的資訊，對成功的設計結果來說至關重要。

挖掘以辨明、詢問以瞭解，設計師因此能做到邁爾斯‧戴維斯（Miles Davis）所說的：「不要玩那些看得見的，要玩那些看不見的。」這會讓你有機會創造魔法。

對那些要求徹頭徹尾地展現出客製化、個人化的顧客來說，找到相稱的工作室、訂製者與室內設計配對，是唯一的解決之道。在這個愈趨全球化、民主化、一致化的世界，對這種高度的細節與設計的需求，只會越來越強烈。如今沒有任何一位設計師，能不仰賴工作室及作坊，以實現他們的設計、執行他們的願景，並與之並肩合作，如同真正的夥伴一般。

我的好朋友時尚設計師拉爾夫‧魯奇（Ralph Rucci）就他的專業，給了相當詩意又有說服力的說法：「高級訂製服就是設計師和作坊的完美結合。任一者都無法不靠對方獨立存在。」我再同意不過了。

打扮房間就像打扮自己一樣，首先是
計劃與主題，然後加上配飾、層次、
留意細節。最重要的是：知道夠了就
是夠了，懂得何時該罷手。

Feng Shui 風水

布魯斯・畢爾曼
BRUCE BIERMAN

金木水火土，即使是在廿一世紀的今天，世界依然是以這五大元素組成。古老的中國哲學「風水」，是一種精神的科學，研究如何在我們居住的房間內、建築中、景觀裡，平衡這五種元素。風水教我們透過空間的和諧，提升每日的生活。這種和諧包括了建築在景觀中的位置、建築本身的設計，以及室內家具及物件的擺放。再加上「陰陽」這個輔助原則，致力於創造和諧與安適感，微妙地影響了我們的健康、財富、事業及人際關係。這種哲學的起源至少可追溯至西元八世紀的唐朝。雖說要透徹理解風水可能需要一輩子的研究，但每個人都可以從其基本原則中獲益。

我在棕櫚灘的一處大公寓的整修案，就成為實踐風水這種精神原則的好機會。這間公寓位於一棟現代化大樓的三十樓，之前的租客在住口處正前方安置了一道牆，堵塞了能量的流動，也遮住了壯觀的海景。我把這堵牆向後推了僅僅兩呎（約六十公分），其效果卻是立竿見影。不止能量的流動改善了，還可以將整間公寓盡收眼底，包括窗外的海景及城市景觀。廚房、用餐區與客廳之間的牆也拆掉了，打造出一個大型的開放空間，以兩面開放的火爐加以統一，也為這個家的中心增添了火的元素。

我們也依照風水的原則重新擺放家具。例如書房的桌子就放在有力的位置，讓客戶可以間接地看見房間的入口，與旁邊的窗景達成平衡。臥室內的安排也遵循類似的原則，把床沿著入口左邊的牆擺放。所有雜亂一概避免，這有助於思緒清明，也讓能量自由流動，在東方哲學中稱之為「氣」。

在這間位於邁阿密的餐室中，大幅彩色攝影作品和諧地擺放，軟化了室內的剛硬線條，避免產生可能可能會有害的煞氣。花瓶也有同樣的作用。

下頁：這間多彩的房間位於佛州棕櫚灘，面向大西洋，是金木水火土五行元素平衡的研究案例。一面大鏡子（鏡子本身是水的元素），反映出壯觀的海景。

　　風水告訴我們，世界受到環繞地球的力場影響，它會影響人的生活，使其改善或惡化。所以設計房子時，必須增加積極之氣的流動，也稱為正氣，才能帶來好運與和諧而非不調。有害的氣，又稱為煞氣，可能肇因於屋內有太多的直線，使得能量的流動過於快速。化解之道是將物品做和諧的擺放，或是使用葉子茂盛的植物，以過濾、減緩能量流。

　　顏色在風水中是個富含能量的因子。火與土、金、水、木互相平衡，每種元素都有一種或以上的相應顏色。某種元素或是顏色過多，會造成不平衡、不協調。白色對應金、棕色對應木、藍或黑是水，灰褐色則是土。

　　風水的另一個原則是依照客戶的個性與星象來設計。這間位於棕櫚灘的豪宅是依照傳統脈絡設計的，所挑選使用的家具及布料，用意都在為客戶創造一處平靜的綠洲。鏡子代表了水元素，用來增加景觀並使能量流（氣）轉向。鏡子也可以將不好的能量導向家以外的地方。這間住宅中最令人愉悅的房間之一就是起居室，三面都被法式長窗包圍，屋內充滿灰褐色的家具，再加上一張綠色有圖案的地毯，象徵了土元素。任何潛在的負面之氣，都被屋內的綠葉植物及窗簾化解了。

　　不論是哪一個設計案，風水的基本原則都能在許多面向上，滋養客戶的生活及舒適。就連最小的設計案也能從風水的平衡及和諧原則中獲益。將床、桌子、或是藝術品、燈具安放在正確的位置，可能會讓空間的體驗發生極大的變化。風水豐富而複雜的傳統已經存在了好幾個世紀，如今也還然是重要的力量。

Cross-Culturalism 跨文化主義

侯駿
JIUN HO

跨文化主義，在二十世紀尾聲的數十年中，在文學與文化研究領域中蔚為風潮，已經不算新鮮了。這種國與國、洲與洲、文化與文化間的交流，對於室內、建築、裝飾及應用藝術，有不可估量的影響。荷馬與希斯亞德（Hesiod）的作品中寫到古希臘的貿易，陶器、貴金屬、奢侈品在當地與來自埃及、亞洲、小亞細亞的貨物，進行交易。絲路連接了東方與西方，是布料交易的樞紐，也是進出中國、印度與地中海的門戶。絲路也是經濟、文化傳輸的網絡，引人幻想那超乎想像、充滿異國情調的人與地方。後來在十五、十六世紀，新發現的海路將歐洲與其他世界連接起來，促成了第一個全球貿易界的建立。之後的每一個世紀，隨著新的地理發現，將不同的文化的過去及現在連結起來，不同的風格（東方主義與日本主義）、狂躁（埃及熱、中國熱、土耳其熱）及復興（埃及、哥德、文藝復興）以燎原之勢展開。

廿世紀傳奇的裝潢大師馬克‧漢普頓曾寫道，在廿世紀之前，偉大的美國室內設計（現在稱為歷史風格室內設計）反映了歷史中的某個特定時期。廿世紀見証了個人偏好開始備受重視、混搭與混合的出現。漢普敦說：「單一風格讓位給各種風格」。「沒什麼不可以」的精神崛起，至今依然風行。

新發明的，或是從各個遠近地區挖掘出的材質，也是這種跨文化的語彙之一，引發的靈感案例不計其數。建築師葛林兄弟（Greeneand Greene）受日本建築的影響，以榫接及複雜的木構造望向東方。歷史的前例以現代的感性加以詮釋及實現，這也啟發了許多經久不衰的設計。羅賓森－吉賓斯設計的希臘式椅，向這個古老而堂皇的文明致敬；菲利浦‧史塔克的鬼椅（Ghost Chair），狡黠地再造了路易十六時代的扶手椅，這些作品誰能忘得了？

親身體驗是最容易吸收跨文化主義的方式。但只要有支手機，誰都可以輕易地去到上海、美索不達米亞、古羅馬或是十七世紀的法國。書本、目錄、建築及設計類雜誌、戲劇藝術、藝廊、美術館及網路，都提供了無盡的想法。

旅行讓人能自由地親身發現、觀看事物，最好是完全讓人沉浸其中，還帶點衝動的。允許自己繞點路、重訂路線或是重新計劃。旅行也是個暫時居住在另一個世界、另一個時代的好機會，讓人瞭解美是有可塑性的。我出生在馬來西亞，童年時與家人在亞洲各地的旅行，點燃了我對設計的熱情。如今我已經在全球各地往來多次，總共造訪過一〇八個國家。新的地方及經驗，如同巨大的澄清器，過濾出難以想像的美；我相信這讓我的工作保持新鮮、活力、貼切。當我在法國的羅亞爾河谷騎腳踏車時，雪儂梭城堡、香波爾城堡的美景，提供了童話般的凝練盛宴：戶外燈籠、山牆、天窗、柱子、煙囪、砲塔，在在提供了我設計家具的靈感。旅行也讓我有自由去想像、創新，嘗試新的設計、材料、技術，以及新的製造方法。跨界讓我有機會去學習設計的語言，因為在設計中，文化的世界是沒有國界的。

在這間位於舊金山的住宅內，侯駿設計的沙發隨意地混搭一對老件伊姆斯（Eames）休閒椅。牆上掛著西班牙藝術家安東尼‧塔皮埃斯（Antoni Tàpies）的數張裱框版畫。書桌上的藍白瓷花瓶是清代的古董。

Film 電影

史蒂芬‧薛德利
STEPHEN SHADLEY

在從事室內設計之前,我在電影業工作。我在南加州長大,在那兒,日常生活都受到電影業魔力的影響。好萊塢大道與藤街口的高曼中國戲院、製片公司的女演員,這些都是我日常生活場景的一部份;而那些我看過的電影(有些一看再看),塑造了我的藝術觀點。

我的第一份工作是在廿世紀福斯影業擔任布景設計師。我最初的幾項任務之一,就是為《姻緣訂三生(On a Clear Day You Can See Forever)》的巨大布景繪製曼哈頓的天際線。我花了好幾個月學習用巨大的尺度畫出精確的細節,而且之後還可以在大螢幕上,和朋友一起看其效果如何。直到如今,我對於顏色、質感、構成的畫家式做法,依然在我的作品中突顯出來。對於室內設計,我並沒有特定的風格或獨到的做法;而是用我的作品去表達一個故事。

我發現自己常常從我最喜愛的電影的美術製作中汲取靈感,不論是奇幻的,像是魏斯‧安德森(Wes Anderson)的《歡迎來到布達佩斯大飯店》(The Grand Budapest Hotel);或是更文學的、當代的,像是湯姆‧福特(Tom Ford)的《摯愛無盡》(A Single Man)。我深受《布》片中鮮活而出人意表的顏色組合所吸引,片中卡通般的角色以及豐富的場景,讓我想起我在製片公司的那段日子。而《摯》片中由知名建築師約翰‧洛特納設計的、建於一九四九年的房子,至今依然貼切,我覺得自己幾乎都可以住在裡面了。

我也很喜愛希區考克電影中很有風格的場景,以及對細節的用心。卡萊‧葛倫(Cary Grant)的《捉賊記》(To Catch a Thief)片中呈現了傳統的歐洲家具,並混合了恰如

其分的現代感,令人想起折衷主義。《後窗》(Rear Window)一片中,男主角詹姆斯‧史都華(James Stewart)那又小又亂單身漢的窩,窗外是一片密密層層如同戲院般的格林威治村景象,畫出了紐約經驗中不可分割的都市生活。《北西北》(North by Northwest)片中,希區考克描繪出一座棲息在拉什莫爾山坡(Mount Rushmore)上的房子,很顯然是在向萊特的落水山莊致意。雖然房子的外觀只是幾張手繪背景的遮幕鏡頭,室內卻是悉心營造,充滿細節,漂亮地呈現經典的廿世紀中期風格。當我在為一棟由建築師彼得‧波林(Peter Bohlin)設計,座落在賓夕法尼亞鄉村的山坡上、以木頭與玻璃打造的巨宅做室內設計時,這部片提供了豐富的靈感。

詹姆斯‧龐德(James Bond)的系列電影值得看一輩子,在打造風格奇異的酒吧、內藏機關的室內這一點上,從來不曾讓人失望過。這一系列電影橫跨超過五十年,如同持續不斷的目錄一般,成為品味與風格的記錄儀。南西‧梅爾導演的《愛你在心眼難開(Something's Gotta Give)》中,女主角戴安‧基頓(Diane Keaton)位於漢普頓海灘的小屋,有著令人眼紅的開放式空間規劃及完美的廚房。雖然那是搭在攝影棚內的場景,卻登上了《建築文摘》(Architectural Digest),為當今令人豔羨的現代、舒適生活風格,立下了標準。

在我的工作中,遇過許多電影業中鼓舞人心的人物,這些人對室內與設計有與生俱來的敏銳眼光。當我們佈置家具及藝術品時,伍迪‧艾倫(Woody Allen)會站在每間房間的一個點上指揮,彷彿他正站在攝影機

影視明星珍妮佛‧安妮斯頓(Jennifer Aniston)的家中一角,在繁複的木鑲板牆上,羅伯特‧馬德威爾(Robert Motherwell)的作品《擲骰17號》(Throw of Dice #17)顯得十分突出。顏色深濃的家具,包括一對深紫色椅子及釘子鑲邊的壁架,與金黃色的小型平台鋼琴互相抗衡。

後方。我為珍妮佛·安妮斯頓打造了一個寧靜而細節繁複的家,是聚光燈之外的一處避難所。已故的導演羅伯特·奧爾特曼(Robert Altman)用一組古老的照片,在大面的玻璃面板上以絹印的技法印上照片圖像,使其與室內的景象重疊,就如同他在《外科醫生》(M*A*S*H)及其他片中使用的獨特重疊對話一般。我為戴安·基頓做過好幾次室內設計,她願意不斷地嘗試一個想法,直到做好為止。有一個案子是西班牙殖民地式樣,幾百片精心挑選的瓷磚被丟在一邊,換成我們花了好幾個月收集來的老瓷磚。

電影中的美術製作,是我們共同的經驗以及視覺語彙的一部份。它是一扇開往世界的窗,反映出許多不同的文化與時期,既真實又虛構。電影能影響我們看待周遭世界的方式,有時甚至影響了我們想要的生活方式。每年都有電影來來去去,但它們訴說的故事、描繪的場景,卻在我們腦中繼續存在,激發我們的想像力。

這間位於洛杉磯的住宅,當時是電影明星戴安基頓的家。屋內廚房、用餐及起居都在一個大空間中。一九四○年代的蒙特利風格家具,奠定一種類似傳道使邸的基調。California(加州)的招牌是戴安基頓眾多此類藏品之一;她是本地人,總是會向洛杉磯及加州早期的歷史致敬。壁爐是特別為此處打造的。

Index 中英對照

Photography Credits

Page 2: Thomas Loof

Page 7: Victoria Pearson

Pages 8, 11: Simon Upton/
  The Interior Archive

Pagez 12-13: Eric Piasecki/Otto Archive

Page 14: Eric Piasecki

Page 17: Joshua McHugh

Pages 18-19, 20-21: David Meredith

Pages 23, 24-25: Nick Johnson

Page 27: Roger Davies/Trunk Archive

Page 29: © 2009 Durston Saylor

Pages 30-31: © 2007 Durston Saylor

Pages 32-33, 35: Anastassios Mentis

Page 34: Eric Piasecki

Pages 36-37: Joshua McHugh

Pages 38-39: Manolo Yllera

Page 41: T. Whitney Cox

Pages 43, 44-45: Hector Manuel Sanchez

Pages 47, 48-49: Nikolas Koenig for
  Architectural Digest

Page 51: Edward Addeo

Pages 52-53: Photo by Matthew Millman

Page 55: Christian Garibaldi

Page 57: Steve Freihon

Pages 58-59: William Waldron

Pages 60, 61: Vicente Wolf

Pages 62-63, 64-65: Pieter Estersohn

Page 67: Maura McEvoy

Pages 69, 70-71: Photography by
  Francois Halard

Pages 72-73, 74: Antoine Bootz

Page 77: Pieter Estersohn

Pages 78-79: Dana Meilijson

Page 81: Bruce Buck

Page 83: Photography by Roger Davies

Pages 84-85: Photography by George Ross

Page 87: Scott Frances/Otto Archive

Pages 88-89: Eric Striffler Photography

Page 91: Eric Laignel

Pages 92-93, 94-95: Eric Piasecki

Page 97: Luca Trovato

Pages 99, 100-101: Scott Frances/
  Otto Archive

Page 103: Peter Vitale

Page 104: Angie Seckinger

Page 105: Ron Blunt

Page 107: Antoine Bootz

Pages 108-109, 110-111: Mick Hales

Page 113: Inez and Vinoodh

Pages 115, 116: Peter and Kelly Gibeon

Pages 117: William Abranowicz

Pages 119: William Waldron

Pages 120: Courtesy Kohler

Pages 123: Erica George Dines

Pages 124-125: Simon Upton

Page 127: Durston Saylor for
  Architectural Digest

Pages 128-129: Laura Resen

Page 131: Michelle Rose

Pages 133, 134-135: Steve Freihon

Pages 136-137, 138-139: Grey Crawford

Pages 141: Brantley Photography

Pages 142-143: Jesse Carrier

Pages 144-145: George Ross Photographs

Pages 146-147: Mark Roskams

Page 149: Scott Frances

Pages 150-151: Peter Margonelli

Pages 153, 154-155: Pieter Estersohn

Pages 157, 158-159: Eric Piasecki/
  Otto Archive

Pages 161, 162-163: Photos by
  Francesco Lagnese

Page 165: Simon Upton for
  Architectural Digest

Pages 166-167: Max Kim-Bee

Pages 168-169: Ricardo Labougle

Page 170-171: Courtesy Bunny Williams

Pages 172-173: Russ Gera

Pages 174-175: Peter Murdock

Pages 176-177: Thomas Loof for
  Architectural Digest

Page 178: James Merrell

Page 179: Roger Davies for
  Architectural Digest

Pages 180-181: Douglas Friedman

Pages 182-183: Douglas Friedman/
  Trunk Archive

Page 185: Neil A. Landino, Jr.

Pages 186-187: Simon Upton/
  The Interior Archive

Pages 188-189, 190: Photography by
  Rikki Snyder

Page 193: © James McDonald

Page 195: © 2013 Richard Mandelkorn

Page 197: © Marco Ricca

Pages 199, 200-201: Photo by Aaron Leitz

Page 203: Scott Frances/Otto Archive

Page 205: Edward Addeo

Pages 206-207: Photograph: Erik Kvalsvik

Page 209: Eric Piasecki/Otto Archive

Page 211: Nelson Hancock

Pages 212-213: Thomas Loof

Page 215: Eric Laignel

Page 217: Bjorn Wallander

Pages 218-219, 220-221: Scott Frances/
  Otto Archive

Pages 222, 223: Laura Resen for The
  Welcoming House

Page 226: Tria Giovan

Page 227: Photograph: Philip Ennis

Pages 228, 229: Simon Upton

Page 229: Simon Upton

Page 231: Ellen McDermott Interior
  Photography

Page 233: Max Kim-Bee

Pages 234-235: Joshua McHugh

Page 237: R Brad Knipstein

Pages 239, 240-241: Courtesy Jan Showers

Page 243: Victoria Pearson

Pages 245, 246, 247: Tim Street-Porter

Page 249: Pieter Estersohn

Page 250: William Waldron

Page 251: William Waldron

Pages 252, 253, 254: Scott Frances/
  Otto Archive

Page 257: Thomas Loof

Pages 258-259: Gross & Daley

Pages 261, 262-263: Photo by
  Fritz von der Schulenburg

Page 265: Scott Frances for
  Architectural Digest

Pages 266-267: Casey Dunn

Pages 269, 270-271: Scott Frances for
  Architectural Digest

Pages 273, 274-275: Garrett Rowland

Pages 276-277: Max Kim-Bee

Pages 278-279: William Waldron for
  Architectural Digest

Page 281: Courtesy Douglas Friedman

Pages 283, 284-285
  Scott Frances/Otto Archive

Page 287: Nick Johnson

Pages 288-289: Peter Murdock

Page 290: Photo: Carlos Domenech,
  Miami, FL

Page 293: © 2013 Durston Saylor

Pages 294-295: © 2014 Durston Saylor

Page 297: Photography by Giorgio Baroni

Page 299: Christiaan Blok

Pages 300-301: Gwynne Johnson

Page 303: Francis Hammond

Pages 304-305: © 2013 Durston Saylor

Pages 306-307, 308-309: William Waldron
  for Architectural Digest

Page 311: Peter Murdock

Pages 312-313: Peter Murdock

Pages 315, 316-317: Tim Street-Porter

Page 319: Michael J Lee

Pages 321, 322-323: Bjorn Wallander/
  Otto Archive

Pages 324-325: William Waldron

Page 326: Eric Piasecki/Otto Archive

Page 327: David O. Marlow

Page 329: Photo © Laurie Lambrecht, 2010

Pages 330-331, 332, 333: John Gruen

Pages 335, 336-337: Pieter Estersohn

Pages 338-339: © Dan Forer

Pages 340-341: © Kim Sargent

Page 343: Photo by Matthew Millman

Page 345: Scott Frances for
  Architectural Digest

Pages 346-347: David Glomb

新室內裝潢全書

從基礎到收尾，囊括更多知識、洞察力以及設計典範，
是集合一百位設計傳奇、及頂尖設計師的全新100堂必修課。

作　　　者／卡爾‧德拉妥爾(Carl Dellatore)
譯　　　者／蔡宜真
責 任 編 輯／賴曉玲
版　　　權／吳亭儀、翁靜如
行 銷 業 務／林秀津、王瑜
總　編　輯／徐藍萍
總　經　理／彭之琬
發　行　人／何飛鵬
法 律 顧 問／元禾法律事務所 王子文律師
出　　　版／商周出版
　　　　　　地址：台北市中山區104民生東路二段141號9樓
　　　　　　電話：(02) 2500-7008　傳真：(02)2500-7759
　　　　　　E-mail：bwp.service@cite.com.tw
發　　　行／英屬蓋曼群島商家庭傳媒股份有限公司城邦分公司
　　　　　　台北市中山區104民生東路二段141號2樓
　　　　　　書虫客服務專線：02-2500-7718‧02-2500-7719
　　　　　　24小時傳真服務：02-2500-1990‧02-2500-1991
　　　　　　服務時間：週一至週五09:30-12:00‧13:30-17:00
　　　　　　郵撥帳號：19863813　戶名：書虫股份有限公司
　　　　　　讀者服務信箱：service@readingclub.com.tw
　　　　　　城邦讀書花園：www.cite.com.tw
香港發行所／城邦（香港）出版集團有限公司
　　　　　　香港灣仔駱克道193號東超商業中心1樓
　　　　　　E-mail：hkcite@biznetvigator.com
　　　　　　電話：(852) 25086231　傳真：(852) 25789337
馬新發行所／城邦(馬新)出版集團
　　　　　　Cité (M) Sdn. Bhd.
　　　　　　41, Jalan Radin Anum, Bandar Baru Sri Petaling,
　　　　　　57000 Kuala Lumpur, Malaysia
　　　　　　電話：(603) 9056-3833　傳真：(603) 9056-2833
封 面 內 頁／張福海
印　　　刷／卡樂彩色製版印刷有限公司
總　經　銷／聯合發行股份有限公司
　　　　　　地址／新北市231新店區寶橋路235巷6弄6號2樓
　　　　　　電話：(02) 2917-8022
　　　　　　傳真：(02) 2911-0053

■2017年12月28日初版　　　Printed in Taiwan
定價／2500元
ISBN 978-986-477-369-5　　著作權所有‧翻印必究

國家圖書館出版品預行編目(CIP)資料

新室內裝潢全書：從基礎到收尾，囊括更多知識、
洞察力以及設計典範，是集合一百位設計傳奇、
及頂尖設計師的全新100堂必修課｜卡爾.德拉妥爾
(Carl Dellatore)編. -- 初版. -- 臺北市：商周出
版：家庭傳媒城邦分公司發行, 2017.12 面；公分｜
譯目：Interior design master class : 100 lessons
from America's finest designers on the art of
decoration
ISBN 978-986-477-369-5(精裝)
1.家庭佈置 2.室內設計

422.5　　　　　106022121

致謝

若沒有室內設計界給我的支持與鼓勵，我對這本書的願景絕對無法實現。對此我將永遠感激在心。

我要感謝友人 Glenn Gissler、Alexa Hampton 及 John Des Lauriers ，他們最先看到這個計畫的長處，並對我的努力表示支持。還要感謝 Robert Couturier及 Matthew Patrick Smyth 在這個計畫的初期慷慨地付出時間與精神。

我也要感謝我的文學經紀人 William Clark 的耐心及指導、我的編輯 Kathleen Jayes 既有才華又和善、精明的編審 Jen Miln，以及本書的設計 Susi Oberhelman ，她讓這本書的頁面如此美麗而生動。

我還要感謝 Justin Hambrecht ，他是個擁有老靈魂的年輕人，他對生活的熱情具有感染力。

最後，我還要謝謝 Abby Kaufmann、Frank Quinn、Jimmy O'Brien、Patrick Key、Shalita Davis、Erin Larkin、Brian Gorman、Lisa Zeiger 還有其他許多人，他們的榜樣為我開闢了一條通往再創造的道路。